破繭而出

——邁向未來電子新視界

張錡／著

序

一九九六年十月份出版的《富比士》(*Forbes*) 雜誌評選了該年度最富有的美國企業家，名列榜首的仍然是電腦軟體鉅子、微軟公司的共同創辦人兼董事長比爾‧蓋茲 (Bill Gates III)。讚佩他的稱他為電腦革命的「天王」，同業妒恨他的則稱他為電腦黑暗時代的「數據之王」，或是電腦時代的「惡帝」。不論是「天王」或是「惡帝」，蓋茲個人在電腦時代的影響力遍及寰宇，而他個人財富的增長也到了「日進斗金」的地步。

「日進斗金」絕非虛誇之詞，一九九六年十二月九日，微軟公司的股票拆股後的當日，蓋茲個人持有兩億八千萬股的股票總值，一天內就增加了十五億美元，而微軟公司的股票自一九九六年元月起到同年十二月九日止，股票總值增加了百分之八十六，若上推到一九九四年五月起，股票總價則增加了兩百五十倍，微軟公司資金成長的速度，可說傲視群雄，史無前例。

對於這個史無前例的電腦世紀「天王」，不論是他個人的生活動態，例如蓋茲不修邊幅，穿一隻白襪和一隻黑襪到公司上班的花邊小新聞，或是到公司正式對外發表新產品的

記者招待會，本地的媒體傳播以及全國性的報紙專刊，總是竭盡其能詳加報導，巨細彌遺。

由於筆者住家接近微軟公司和蓋茲五千萬美元的豪宅，大約在三年前開始收集有關微軟公司的資料，加上每年春季三、四月期間，微軟公司總是到西雅圖華盛頓大學招募新人，有關科系的大學應屆畢業生莫不趨之若鶩，希望能夠擠進微軟公司的窄門。筆者藉工作之便，總是到校訪問招募新人的微軟公司的人員，他們個個年輕，學有專長，衣著隨便，親切的談吐中總是帶著些許的自信，凡是筆者問及他們不能回答的問題時，例如統計資料、組織結構時，他們最晚也總是在數天內回話。至於其他的部門的操作和經營策略，當筆者詢及任何有關問題時，只要微軟公司能夠對外發佈，有關的人員也會在同一日內回話，筆者要求的文件，微軟公司總是以快遞寄出，公司個個工作人員深具責任感，給筆者留下極深刻的印象。

另外當筆者擔任太平洋亞洲商報發行人期間，凡是微軟公司舉行產品記者招待會或是社交的場合時，筆者常受邀請，並常有機會與蓋茲交談，蓋茲是一個不苟言笑、不會寒喧的怪人，不過只要話題對頭，他便能滔滔不絕，上天下地，無所不談。筆者有多次機會親身觀察他個人的言行與他周圍的「謀士」，對微軟公司的組織和發展策略上，可說有進一層次的了解。

筆者在書寫本書期間，訪談了近百位的微軟公司的工作人員，其中包括高級主管、軟體工程設計師、產品部門的經理和秘書、人名分見本書各章節，在此一併致謝，另外微軟

公司的兩位開國功臣史考特・靑木和查理・馬考也提供了許多寶貴的內幕消息，目前他們兩人都已離開微軟公司，分別自行創業，筆者藉此機會，謹寄上個人誠摯的謝意和祝福。

張琦

目錄

前言

　　有人說六十年代的嬉皮對二十世紀文明最大的貢獻，莫過於他們創導的電腦革命。這些當年留長髮、反越戰、抽大麻煙、服食迷幻藥的青年崇尚政治上的自由主義，這種崇尚自由主義的精神，轉換另一種形式的解放思想，而成爲現代電腦革命的根源。同時，當初由於他們反文化、反文明和反政府的思想方式，結果造成了崇拜無政府主義的虛幻世界。事實上，也的確是只有電腦能夠給人們這種虛幻的實際。

　　今天藉著電腦革命的基礎，這種無政府主義的思潮再度復燃，更由於電腦不但具有人工智慧，能夠思考，而且也能夠吸收與傳輸資訊。因此電腦代表的是資訊自由解放的工具，藉著電腦網路的分布與傳輸，一個人不但能夠不受時、空的限制，而且能夠自由跨越國界、超越領域，自由交換資訊和思想，許多人對這種資訊國度抱持的信念是：

- 無限制地使用電腦
- 所有的資訊應該都是免費的
- 不採信任何政府的權威勢力，人人平等
- 藉著電腦，創造藝術的美景和人類美麗的世界
- 藉著電腦改善人類的生活，增進人類的幸福

在這樣的一個信念下，在嬉皮的辛勤耕耘灌溉下，電腦所導

領的虛幻世界正逐漸在人世間展開。

在今天的世界，電腦的力量無所不在，就像每天使用的電話、電視一般的普及。電腦不但改變了人類的生活的方式，而且也改變了人類工作和思維的方式，但是在電腦的國度裡，若是只有電腦硬體的存在，而不配合具有各種功能的電腦軟體，則電腦使用的功能還是很有限，電腦的各式功能主要是基於軟體功能的發揮，因此電腦王國真正的功臣還是在電腦的軟體。

比爾·蓋茲三世在嬉皮時代之初的時代還是個小學生，他只能算是個後嬉皮時代的小嬉皮。但是他追求的不是電腦世界的虛無境界，而是商場上的金錢世界，他以超人的智慧，無比的毅力，正確的判斷，以製造電腦軟體奠定他在世界上商業界的地位，他在二十年前創辦的微軟公司（Microsoft Corp.）是目前世界上專門從事製造和開發軟體的公司，也是當前世界上最大、最富有的軟體製造公司，自創業以來，即以驚人的速度擴大和成長，而且產品源源不斷地推出。由於公司在經營管理上成功的策略，很快地，不但將微軟公司的創辦人蓋茲推向世界軟體霸主和世界首富的地位，而且也將他推向全美國最有權勢的人物之一，在一九九六年六月美國《時代雜誌》選出的風雲人物之中，蓋茲在世界上的權勢和影響力僅次於美國現任總統柯林頓。

今天，在世界約有一億七千萬名的電腦用戶中，約有一億四千萬人在啓動電腦時，就可看到「MS-DOS開始運作」的訊號，另外約有七千萬名用戶在佈滿各種圖像的螢光幕上可以看到「微軟視窗」這樣的訊號，全世界使用微軟公司操作系統的人數約達使用電腦人數的百分之八十左右。微軟公

司除了提供數百種的軟體產品外，他們在一九九五年推出的「視窗九五」，還能夠讓用戶進入資訊高速公路以及微軟公司的電腦網路系統，這是微軟公司在各種軟體產品之外，另外提供的「網路服務」，是以電話和有線電視線路提供的資訊服務。

資訊服務業將創造出電腦革命的另一波的活動，為了迎接二十一世紀資訊時代的來臨，各國紛紛加速架設通訊的基本設備，蓋茲認為將來的新世界將是一個電子導向的新時代，上班不必搭乘任何交通工具，將由電子帶領我們遨遊世界各地的辦公室，個人的電子皮夾將取代傳統的金錢交易方式，而電子世界中的購物天堂也將使我們足不出戶，就能夠選購世界上各角落的產品，看似虛無飄渺的電子世界，事實上是最具體、最真實的人間樂園。

本書的目的不在探討電子世界的人間樂園，而是為讀者提供微軟公司成功的策略和祕訣，凡是有關微軟公司內部的結構、人才的經營和管理、產品的開發、市場的行銷和競爭等等，對這些問題，本書提供了一幅基本的藍圖。本書敘述的重點是以該公司最成功的部門作為例證，從中探討微軟公司的管理階層如何以最有效的辦法進行經營和管理，如何創造新技術、如何改變市場行銷的策略、如何管理具有高科技才能的技術人員，還有蓋茲對未來資訊世界的看法，以及他如何在短短的二十年成為世界上的第一富豪，並攀居世界軟體霸主的地位。

一、蓋茲的電腦啓蒙時期

比爾‧蓋茲三世，世界軟體業的霸主和世界的首富，也是人類有始以來最年輕白手成家的億萬富翁。他的成就改變了人類思考和學習的方式，他的創作開始了人類另一波的資訊革命，他的幻想體現了人類夢幻式的生活方式，他以鍵盤築造他的宇宙，以軟體築造他的世界王國，他是全球企業圈成功的典範，年輕學子崇拜的偶像，也是同業同行嫉恨的對象。

蓋茲從小便與眾不同，從小便充滿了奇特的幻想，他生長在一個充滿關愛的家庭，於一九五五年十月二十八日在美國華盛頓州西雅圖市出生，他的父親比爾‧蓋茲二世自西雅圖華盛頓大學法學院畢業後，自行開業為生，母親瑪麗亦為華盛頓大學的畢業生，曾短期在中學任教，結婚後相夫教子，除因家世的關係擔任華盛頓州第一銀行董事會的董事外，並擔任西雅圖華盛頓大學的校董，一九九五年因癌症去世。

蓋茲從小就具有競爭性，他總是喜歡贏，不論是打網球或是滑水這一類的休閒性的活動，他卻總是要跟別人競爭到底。十一歲的時候，他在數學和科學方面的成績遠超過同班的同學，智力測驗的結果，他的老師說他屬於天才型的小孩，因此他的父母決定在該年秋天將他轉到「湖邊」中學，這是一所私立貴族學校，學費昂貴，課業繁重，同時讓學生有充

分發揮思考力的機會。

　　湖邊中學雖然具有一流的教師，但是最重要的是湖邊中學的教學人員具有遠見，在六十年代晚期，當人類剛登上月球的時候，電腦在工商業界仍算是一件相當稀有的「奢侈品」，更遑論學術界或是中小學的領域了，但是湖邊中學的行政人員似乎能預先看到電腦的潛力和重要性，儘管經費有限，但還是排除萬難，決定購進一部PDP-10的小型電腦，讓學生有機會開始接觸電腦的奇妙世界，當時電腦售價昂貴，一所中學擁有電腦，這在當時全美國的學校都是少有的，由於蓋茲在少年時代就有機會接觸電腦，從此也改變了他的一生。

電腦的奇妙世界

　　蓋茲在第一次接觸電腦後，很快地，他便迷上了，日以繼夜，不眠不休，一有空閒便到電腦室使用電腦，甚至逃避體育課，利用體育課的時間去用電腦，這時他結識了大他兩歲的同校同學保羅・艾倫（Paul Allan），艾倫也是一位標準的電腦迷，當時學校的老師對電腦的知識很有限，多半是讓學生自己去摸索，當時摸索得最有心得的就是蓋茲和艾倫，他們從直接使用電腦中獲得學習的經驗，蓋茲後來回憶說：那時候我們一切都是自己來，除了我們以外沒有別人比我們更了解電腦的使用方法，我常常想辦法了解電腦到底是怎麼操作的。蓋茲的第一個電腦方程式就是在這個時候寫成的，他寫了許多的電腦指令，告訴電腦如何操作，如何玩電腦遊戲，後來他又寫了「月球登陸人」和「大富翁」兩個電

腦遊戲，這是蓋茲寫電腦程式的開始。

　　在電腦的領域，當時雖然蓋茲還是個低年級的學生，但是很多高年級的學生都來向他請教，包括保羅・艾倫在內，當艾倫遇到難題時，他總是喜歡找蓋茲挑戰，跟他說：「我敢跟你打賭，我看你也解決不了這個問題。」艾倫的父親曾擔任華盛頓大學圖書館副館長二十年來，從小就養成愛讀書的習慣，尤其喜歡科學幻想性的小說，善於解釋科學原理，由於兩人經常在一起想辦法解決電腦難題，經過一段時間後，兩人成為形影不離的好朋友，他們兩人不但常常設法解決電腦難題，也常常談論電腦科技的未來走向。

　　他們兩人後來與湖邊中學的另外兩名中學生組織了「湖邊中學電腦軟體開發集團」，艾倫喜歡閱讀電子科技性的雜誌，而蓋茲喜歡閱讀商業性的週刊，有一天，蓋茲跟艾倫談起：「也許我們應該跟外面真實的世界聯繫，把我們的想法和我們創造的電腦節目賣給他們。」

　　一九六八年的秋天，華盛頓大學成立了「電腦中心有限公司」，當時是美國西海岸最大的電腦中心，使用的電腦PDP-10型與蓋茲在湖邊中學使用的屬於同一類型的機器，這時華盛頓大學與湖邊中學達成一項協議，就是讓湖邊中學的學生到華盛頓大學使用電腦，每次按照使用的時間付些少許費用，蓋茲這時才是真正的第一次接觸到電腦的世界，他對PDP-10的電腦軟體尤感興趣，有一次蓋茲與其他好幾位同學解破電腦的密碼，竄改電腦記錄的使用時間表，希望能夠降低使用費用，他們幾個同學洋洋得意之間，卻沒想到很快地被識破，在校長辦公室內被申戒一番也就相安無事了。

　　這次事件後，蓋茲仍然常常滋事，常常弄壞華盛頓大學

電腦中心的電腦，而且把別人儲存的資料也常常一起抹殺了，使租用電腦的用戶怨言不斷，後來這些電腦用戶終於找出問題的癥結，就是蓋茲每次使用電腦之前，須先輸入電腦程式的名字，這時候電腦會先問：「是新檔案還是舊檔案？」他打進「舊檔案」，電腦會再問：「舊檔案的名字叫什麼？」蓋茲輸入：「舊檔案的名字叫比爾」，每次當他輸進這條指令，電腦就立刻應「令」而壞，屢試不爽，蓋茲不明白其中的道理，後經人指點才知道辨認檔案時，只要輸進名字「比爾」就行，其他輸入多餘的字是破壞電腦系統的元凶，蓋茲這時候才了解：電腦雖然能夠接受許多的指令，從事許多計算的工作，但是電腦本身卻是多麼死板，多麼脆弱！

華盛頓大學為了矯正電腦的缺點，改進電腦的功能，因此在電腦中心僱了幾位常用電腦的湖邊中學的「中學生」，讓他們在晚間的時候使用電腦，希望他們能夠盡量「破壞」電腦，然後想辦法找出毛病，設法解決，蓋茲這時候和其他的同學才能充分自由「免費」使用電腦，並逐條記下他們的心得，在六個月內，他們一共寫下了三百頁的「電腦毛病」，其中尤以蓋茲和艾倫記的最多。蓋茲這時才十三歲，剛剛完成八年級的課業。

在這段期間內，蓋茲和艾倫不但常常找出電腦的缺陷，他們也常常設法尋找更多有關電腦、操作系統和電腦軟體的相關知識，他們經常工作到深夜才回家，但是電腦中心後來因為財務困難，終於在一九七〇年的三月關門。蓋茲和其他湖邊中學的朋友也就暫時失去了使用電腦的機會。當蓋茲上完九年級的課程時，他和「湖邊中學軟體開發集團」的另一位朋友以減價的方式買下數卷昂貴的DEC電腦的記錄帶，但

是事先並沒有告訴艾倫，艾倫後來發現時，大怒不止，並沒收了這卷電腦記錄帶，蓋茲也不干示弱，恐嚇艾倫，說是要採取法律途徑解決問題等等，後來雙方終於達成協定，出售這些電腦記錄帶，並從中獲利不少，這是蓋茲第一次嚐到轉手獲利的滋味。

這時候，蓋茲的父母開始擔心他們兒子的前途，蓋茲當時不過是個九年級的中學生，滿腦子就充滿了奇怪的幻想，電腦對他來說，不只是一部機器而已，而是一個「超人」的組合，他認為電腦是改變世界具有革命性的工具，他除了電腦以外的東西，對什麼也不關心，經常徹夜不眠，累了就和衣而睡，看人兩眼空洞，不梳頭，也不洗臉，像是著魔一般，過去他的父母從不阻攔他想做的工作，這時也不得不命令他放棄電腦，至少要暫時放棄電腦。

蓋茲接受父母的命令，真的暫時放棄了「玩」電腦，大約有九個月的時間他不曾動過電腦，他開始集中精神研究數、理這一類的科目，他也開始大量閱讀有關這類的書籍，他最喜歡閱讀名人傳記，例如拿破崙傳、富蘭克林傳等，他常常試圖去了解這些偉人思考的心態，另外除了一些小說外，他也喜歡閱讀商業和科學性的書籍，在這一段期間內，他盡量過著正常少年人的生活。

傲慢的小電腦專家

到了十年級的下半學期，蓋茲已經有九個月沒有碰過電腦了，但是這時候他又開始恢復了對電腦的熱情，湖邊中學的電腦室又常常出現他的蹤跡，他和他的朋友在等電腦完成

計算的工作時，也常常在一張長桌上玩橋牌，或是下中國圍棋來打發等待的時間，就在打發時間中，蓋茲也成了圍棋專家，打敗湖邊中學每一個前來挑戰的師生。到了十一年級的時候，他已經成了該校的電腦專家，常常主持電腦座談會，他的聰慧充分表現在臉上，回答任何問題都是充滿了信心，全校師生沒有不認識他的，他待人傲慢無理，過分主動，常常領先一步，得理不饒人，既使對老師也是採取同樣的態度，如果老師講課講得太慢，蓋茲就顯得很不耐煩，他的優越感常常在不知不覺間表現出來。

據說有一次上法律課，老師問學生一個問題，這個學生答不出來，正在思考間，蓋茲很不耐煩，在背後嘖嘖嘲笑這名學生，坐在蓋茲前面高一年級的同學實在看不過去，終於忍無可忍，轉過頭來，抓住蓋茲的衣領，叫他閉嘴，結果兩人還揪打起來，老師只好暫時停止上課前來調解，才把兩人分開。根據當時和蓋茲同班的同學表示，跟他接觸的人都會不知不覺產生恐懼感和自卑感，認識他的人都覺得他是「天才中的天才」，總有一天會拿到諾貝爾獎，儘管他聰明過人，但是不修邊幅，常常穿上兩隻顏色不一的襪子，指甲有半吋長也不加修剪，缺乏社交禮儀和修養。

在一九七〇年的下半年，當蓋茲重回到電腦領域的時候，他還是常常設想賺錢的新辦法，這時候，他和艾倫及另外兩個朋友組織的「湖邊中學電腦程式開發集團」搬到華盛頓大學來，因此他們有更多的機會接觸大學內不同科系的電腦，蓋茲後來回憶說：我們在校園內到處找電腦，只要可以免費使用的我們就用。

哈佛大學的退學生

　　艾倫於一九七一年高中畢業，前往華盛頓州立大學學習電腦，蓋茲也在一九七三年高中畢業，他以優異的成績進入哈佛大學，根據他父母的意思和社會潮流的趨勢，他們認為還是將來當個律師最有前途，因此蓋茲隨從父母的意見，於七三年的秋天前往哈佛大學攻讀法律先修課，但是沒有多久他就覺得大學生活沒有意思，他的生活方式與其他大學生的喜好格格不入，而且他開始對大學課程感到很失望，上課時經常兩手撐著雙頰望著窗外發呆，畢竟有關法律的課程並非他的最愛，他認定未來的「錢途」在電腦的領域，而不在法律的世界。

　　在宿舍裡，真正認識他的同學認為他是個「奇才」，不認識他的則覺得他是個「怪人」，在哈佛校園裡，他是個獨行獨往的「獨行俠」，他沒有什麼知己的朋友，每天浸淫在圖書館的時間勝過他吃飯睡覺的時間，他除了大量閱讀有關電腦的書籍外，也常常閱讀商業經營管理的書籍，而且凡是有電腦的地方就可常常看到他的蹤影，他認為大學的課程他可以自修，不需要上課也一樣可以讀懂，至於有關他的主修課業，他經常棄置一邊不顧。

　　在哈佛兩年的時間對蓋茲來說如同一世紀，這時他下定決心，不再討好父母的歡心，決定追求自己的興趣，不再浪費時間苦讀一些他不喜歡課程，當他向父母表達他個人決定退學的意願時，他的父母極力反對，並加苦勸，甚至加以威脅，還找出許多有錢、社會有聲望的朋友出面勸解，但是終

究拗不過蓋茲本人的決定，他的父母在這情況下只有順其自然，不再勉強他了。

蓋茲的外表雖然像個典型的書生，尖削的下巴，瘦小的體材，帶幅大眼鏡，他雖然愛鑽研學問，但是滿腦子充滿了賺錢的想法，還沒高中畢業前，他就曾經立下豪語：二十五歲以前，要賺到一百萬。他當年所發的豪語不但實現，而且他在二十五歲時，已經成為電腦軟體新領域的傳奇人物了。

微軟公司的成立

一九七五年艾倫大學畢業，他在新墨西哥州的首府找到一份工作，蓋茲決定從哈佛退學後，也於該年秋天前往新州，加入艾倫的電腦程式設計開發工作，次年春天，蓋茲和艾倫兩人商議的結果，覺得時機成熟，於是在新墨西哥州成立了「微軟公司」，兩年半之後，搬回西雅圖市的近郊鮑爾威市，不到十年的功夫，微軟公司不但成為美國最大、最成功的軟體製造公司，而且也成為世界上舉足輕重電腦軟體企業的霸主，根據一九九五年《富比士》雜誌的統計資料，蓋茲當時的財產淨值為一百三十億美元，而艾倫的財產淨值也不相上下。

微軟公司在一九七五年剛剛成立的時候，僅有一種產品，三名雇員，一萬六千美元的收入，到了一九九五年，微軟公司成長為一萬七千八百名雇員的大公司，約有兩百種產品項目，每年的總收入約為六十億美元，其成長不可不謂驚人。一九九五年當世界電腦業不景氣的時候，大的電腦公司紛紛裁員的時候，惟獨微軟公司仍在大量雇用人員，公司的

收入不但有增無減，而且還創下新的利潤高峰。

艾倫於一九八二年因病退出微軟公司，但是他仍掌握微軟公司巨額的股票，仍舊擔任微軟公司的董事會董事之一。今天微軟公司的總部已由鮑爾威市搬到西雅圖市近郊的雷得蒙市。

微軟公司目前控制著全球個人電腦操縱系統軟體市場的百分之八十到八十五之間，而以操縱系統為基礎的應用軟體產品，微軟公司也佔有百分之二十五以上的市場，這類的產品包括文字處理及圖表製作和計算等功能。

MS-DOS即是微軟公司研發的電腦控制系統，也是該公司最著名、最成功的產品，自一九八一年來，國際商業機器公司（IBM）決定採用MS-DOS作為操作程序系統之後，每年銷售的數量就以百萬計算，另外微軟公司於後期推出的「視窗」軟體，其知名度也不讓前者專美於前，視窗的主要功能是與操作系統配合使用，以形象生動的示意圖案作為操作的指示，使電腦的使用更為簡易。

微軟公司目前也是蘋果麥金塔（現在有有動力麥克）電腦最大的獨立軟體生產商，它為蘋果電腦生產兩種最著名的產品：一是用於文字處理的「文字」（Word）軟體，另外一種就是用於製作圖表的「卓越」（Excel）軟體，這些軟體的銷售量，在微軟公司視窗系列的應用軟體中，一直是最暢銷的產品，另外用於辦公室的「辦公室」應用套件也是該公司最暢銷的軟體之一。微軟公司最初以銷售電腦程序語言起家，後來又為電腦製造商生產控制系統，最後以一系列應用軟體產品直接賣給零售商，而市場也從美國本土擴及到全世界，成為電腦軟體世界的巨人。

由上述產品暢銷的情況可知，微軟公司目前不但已經打進，而且已經滲透進每一個與電腦及資料科技有關的市場，他們產品範圍之廣，可說無所不包，除了文字處理、圖繪計算等軟體外，微軟公司還推出了一系列的電子遊戲、企業電腦連線網路、多項功能的電視、電腦網路服務系統等等，微軟公司以市場佔有比例之大和產品種類的繁多取勝。由於微軟公司在電腦企業界力量的強大和影響力的深遠，使微軟公司能夠在消費者市場上自由往來，並隨時可以改變產品銷售的管道，同時由於產品的優越性，微軟公司的產品成為零售商爭相競購的對象，使微軟公司在短短的二十年內，躍昇為電腦軟體工業的領袖。

總而言之，微軟公司對電腦軟體技術革新的標準和促進資訊工業的進步都產生了巨大的影響，他們在電腦軟體界中造成的震撼，為世界上任何其他公司所不及，今天，凡是與電腦工業或是與資訊工業有關的公司行號，或是經營管理人員，還有不管是現在或是未來電腦的用戶，他們都不能、也不可能忽視微軟公司的存在。

微軟公司的成就，具有他們成功的特別祕方，下面將作一般性的分析，或許從中可以理出一個頭緒來。

獨到的遠見

根據比爾‧蓋茲本人表示，在一九七五年當他與艾倫創立微軟公司的時候，他在當時就感覺到未來電腦世界的財富將集中在電腦軟體上，雖然艾倫當時極力主張，公司的走向應該是電腦的硬體和軟體並進，他並舉出當時大型的電腦公

司如國際商業機器公司、蘋果電腦等都將精力集中在發展電腦的硬體方面，但是蓋茲還是不同意這樣的看法，他還是堅持自己的看法，認為將來的財富在於電腦軟體的開發。後來證明，蓋茲當時獨到的遠見是絕對正確的。當九十年代初期，國際商業機器公司、蘋果電腦等同時發展電腦的軟體和硬體時，在財務方面曾經發生極大的危機，一方面是由於產品開發的研制費太高，一方面也是因為電腦的硬體市場已經到達飽和的地步，已經到了無利可圖的境地了。

但是單獨開發軟體市場的潛力較大，開發研究費用較少，而且產品的功能也較具有彈性，蓋茲曾向友人表示：我當時主張應該專注於電腦軟體的發展，這是因為當時我就看出電腦硬體的發展達到一定的限度時，購買的用戶就會大量減少，惟獨千變萬化的電腦軟體能夠配合消費者的需要，因此真正的生財之道應該放在電腦軟體的開發上。

隨著市場形態的轉變，其他的軟體開發公司也看出軟體發展的潛力，紛紛成立公司，加入軟體開發的行列，在這樣的情況下，微軟公司不得不面對市場的競爭，他們應對的方式是：在產品方面，不斷地推陳出新，同時改進已有的軟體功能，提升版本，以新技術和新程序推出應用軟體，以配合市場上和客戶的需要，此外微軟公司還不斷地開發市場，尋找客源，擴大語言使用基礎，採用語言的多元化打入國際市場，使微軟公司的產品和名稱不但成為電腦界家諭戶曉的名字，也成為國際電腦行業的新寵兒。

根據美國商業部的統計，大約有百分之九十的新公司在開業五年後就宣布倒閉，倖存下來的公司，在成長的過程中也顯得十分艱苦，其中主要的原因是新公司往往不能將專業

技術配合大企業的需要，因此缺乏長期的競爭力。蓋茲和他的微軟公司能夠在競爭激烈的企業中成長，而且能夠迅速茁壯，成為軟體企業的霸主，這是十分難能可貴的經驗，微軟公司成長的經驗與眾不同，他們不像一般歷史悠久的大企業公司，公司內部具有嚴密的公司組織，相反的，微軟公司以公司組織的鬆散著稱，他們反對官僚主義式的經營態度，他們主張以工作小組分工合作的方式獲得商業界的讚賞，微軟公司在多年的發展中，不斷修正自己，力圖配合消費者的需要，同時將用戶的意見不斷地反應在產品上，這是其他大公司所不及的地方，這也正是微軟公司成功的因素之一。

天時地利

　　一個企業經營的成敗，通常是受到內、外各種因素的影響，微軟公司也不例外，雖然蓋茲本人和公司的主管人員在過去二十年來，作了許多明智、正確、合時的決定，但是最重要的一點是，微軟公司顯然得利於天時地利的好處。

　　一九八一年，由於蓋茲的母親在人事脈絡的關係良好，因此在母親的協助下，大力向國際商業機器公司推薦微軟公司剛剛開發的電腦新操作系統，經過多次的遊說，獲得國際商業機器公司的肯首，取得獨家為他們個人電腦編寫DOS操作系統的機會，由於微軟公司開發的操作系統性能卓越，不但一舉成功，而且也因為國際商業機器公司在世界市場行銷的管道，微軟公司的電腦操作系統在數年內就成為世界上銷售量最大的電腦軟體操作系統，同時由於微軟公司的競爭對手在基本上犯了幾項錯誤，失去市場行銷的機會，因此使微

軟公司的產品能夠扶搖直上，平步青雲。

　　若是公司決策不當，不論產品多麼優秀，也難打出半壁的江山，就以蘋果電腦爲例：

　　蘋果電腦能夠早在一九八四年初的時候，就將麥金塔的操作系統軟體授權給其他的電腦硬體製造商使用，說不定蘋果的操作系統就是稱雄全球的操作系統了，但是蘋果公司當時未能看出個人電腦發展的前景，遲到十年之後才授權給其他的電腦製造商，因此在市場上，已經失去大半的江山。

　　當初微軟公司爲國際商業機器公司編寫操作系統程式時，國際商業機器公司並沒有保留對DOS的專利權，因此當康百克公司開始製造與國際商業機器公司電腦相容的硬體時，微軟公司曾大力幫助，並乘機推銷了幾百萬份更名爲MS-DOS的操作軟體系統。若是當時國際商業機器公司保留操作系統的專利權，微軟公司也不可能打出今天的天下。

　　這其中巧妙的因素結合，除了公司的決策、產品的優良性質外，也只有歸之天時地利的因素了。由於個人電腦的興起，個人電腦迅速成爲一項年收入幾十億美元的工業，微軟公司依此也大爲發跡，成爲世界最大的軟體開發公司，而比爾·蓋茲也因此贏得了世界首富的美稱。

　　事實上，當還沒有人能夠準確估計個人電腦市場成長的速度和規模時，蓋茲當時已經能夠充分體會到發展電腦軟體的經濟潛力，他同時也看出，國際商業機器公司作微電腦硬體製造商對市場標準化的影響力，因此他決定將軟體的功能超越國際商業機器公司之外，通過多種電腦間容硬體的生產工廠，逐步擴張到消費市場，而且還能夠改善電腦軟體的使用功能，以圖形爲基礎的視窗系統取代原來的DOS操作系

統。因此微軟公司自八十年代開始，在MS-DOS的操作基礎上，不斷地推出視窗及其他一系列的軟體，不但使業務蒸蒸日上，而且對市場的影響力也不斷地擴大。

捷足先登，後來居上

前段提到微軟公司在改進產品的功能時，逐漸以圖形取代以文字的操作系統，事實上，以圖形為基礎的操作系統是蘋果的麥金塔首創的，蘋果電腦的操作系統一向以容易使用著稱，特別是在製圖方面和其他許多的功能方面，更是優於其他任何的產品，許多蘋果電腦的主管表示，微軟公司「視窗九五」的許多功能，事實上，早在三年前蘋果電腦生產的麥金塔電腦中就已經具備了，然而蘋果電腦的決策主管，未能及時看出市場的趨勢，同時未能及時授權給其他的電腦硬體製造廠商，加上公司內部經營不當，造成蘋果電腦公司在營業上的落後，到了一九九五年的第四季，蘋果電腦的虧損達六千八百萬美元，而在以一九九六年第一季，蘋果電腦的虧損更高達七億美元左右，與一年前，公司的營業額高達二十億六千五百美元，盈餘則有七千三百萬美元相比，真是不可同日而語。

曾經一度謠傳蘋果公司將被併購或是倒閉的說法一時四起，雖然公司的主管極力駁斥這類的謠傳，並將公司的虧損歸諸於個人電腦的削價競爭，尤其是日本市場，以及稅前大約八千萬日圓的存貨調整，因此嚴重地破壞了他們的週邊利潤等等，不論蘋果電腦如何解說他們在市場失利的因素，不可否認的，蘋果電腦在市場的競爭力已不如往昔。

另外，蘋果電腦在經營方面的失策也造成當前公司財務的虧損，當初蘋果電腦的決策是同時生硬體和軟體，所以研製費用高於同行的競爭者，因此必須時時削價才能與同行其他公司的產品競爭，當蘋果財務陷入困頓的時候，主管當局並未及時採取補救的措施，結果導致公司的產品滯銷、重要主管辭職出走，造成人才真空的現象，並且失去客戶和軟體開發公司的支持，同時由於蘋果公司未能及時解決生產瓶頸的問題，使客戶對他們的產品失去信心，目前蘋果公司除了更換董事長，裁減一千三百名員工外，並主張「存貨勾銷，重整開銷」作為重建公司聲譽和利潤的重要第一步驟，至於蘋果公司能否能夠真正扭轉他們目前正走下坡的命運，現在還是一個未知數。

　　反觀微軟公司的營業情況，自一九九五年八月推出「視窗九五」後，立刻為公司帶來大筆的盈餘，雖然「視窗九五」主要是靠電腦製造商事先安裝在新個人電腦中，然後連同機器一起賣掉，但是該軟體還是主要靠產品性能的優越，以及微軟公司與零售商建立起良好的銷售管道才能達到今天的成績，微軟公司在一九九五年第四季的盈餘揚升一年前的百分之五十四以上，利潤高達五億七千五百萬美元，打破了歷年的記錄，儘管目前的電腦市場不景氣，但是微軟公司的利潤仍舊扶搖直上，與其他的軟體公司不可同日而語。

成功的祕訣

　　微軟公司成功的祕訣，不論在市場競爭、組織結構、企業管理，還是在新產品的開發上，都不是單一的因素。微軟

公司的競爭和經營之道可總結歸納為七點，這七點原則都是相輔相成的，微軟公司能夠充分應用這些原則，形成獨特的領導、組織、競爭和開發新產品的風格，配合電腦程序編寫的傳統，並結合微軟公司大規模推出軟體產品的效率。

　　微軟公司在公司營運方面，最難能可貴的地方就是能夠將公司經營管理的原則集中在一起配合使用，不但能使公司在極短的時間內就達到企業的頂峰，而且能夠獨霸一方，雄踞全球，長期保持領先的地位。以下便是公司經營管理的七點原則，許多電腦企業觀察家也認為這些原則也正是微軟公司成功的祕訣。

㈠在公司的組織和管理方面，選用熟悉技術和企業情況的專業人才

　　微軟公司成功的經驗之一，就是能夠嚴格篩選公司的管理人員和一般的雇員，這些人才對電腦軟體和數據的知識具有深刻的了解，能夠充分應用理論知識，為公司製造開發新產品，並且帶來大筆的利潤。

　　如果一個公司的高級企業主管，不論是高級管理階層的主管或是主要的產品開發工程師，都能夠真正了解與本門行業有關的技術和市場走向，把握著每一個發展企業的機會並求發展，使未來設計的產品能夠按照計劃逐步實行，那麼就可以在多元化的市場上佔一席重要的地位，這也是企業立足的堅實基礎。微軟公司依照上述的原則經營管理，同時還不斷進一步改善公司的組織，精益求精，配合實際的情況和需要，招徠傑出的人才，規劃設計未來發展的藍圖。

(二)組織功能重疊的專家小組，充分掌握管理具有創見
　　和專業技能的專家

　　微軟公司實行「人盡其才，物盡其能」的原則，並且鼓勵公司的人員努力創新，提高效率。此外在產品的設計、生產、銷售和質量的控制方面，組織專業人才，以小組方式進行研制的工作，取代人浮於事、人數眾多的大部門。

　　微軟公司的管理階層人員早在八十年代的時候就已經感覺到，若是公司想求發展，而且使產品真正具有市場競爭性，那麼公司就必須立刻積極培養專業技術人員，以製造並且配合更為複雜的電腦軟體市場，因此公司內部的主管總是鼓勵公司的雇員能夠充分掌握廣泛的專業知識，在工作方面做個樣樣精通的專才，除此之外，為了提高工作的效率，公司以小組的方式進行研制的工作，不但在責任技術方面的工作分明，而且彼此之間也具有相互依存的重要性，同時工作小組可以按照實際情況的需要，隨時調整小組的功能和組織。

　　例如在緊急情況下，若是人手不夠，可隨時添置新人或是尋求新技術，利用具有經驗的專業人員領導工作小組，使工作人員能夠在相互學習中同時成長，而不是處處墨守成規，嚴守公司紀律。微軟公司在這方面，和其他成功的大公司一般，他們既重視人才的經營和管理，他們也重視人才的自由和創新，鼓勵雇員學習新科技，並對雇員的成就予以褒揚和獎勵。

㈢以嶄新的產品競爭，進而建立產品的標準

　　任何企業，只要新產品剛剛上市的時候就能夠佔上先機，那麼這項產品已經是邁向成功的第一步了，所謂「好的開始是成功的一半」，公司的策畫人員必須從各種角度考慮顧客的需要和他們的愛好，而不是專為一家客戶服務。由於產品的多元化，因此在市場不景氣的時候，還是能夠應付市場的變動，銷售量仍然能夠保持一定的數量，公司真正的財源來自廣大的市場，而不是個體的客戶。

　　過去二十年來，微軟公司總是不失時宜，在關鍵時刻推出各種產品，這是因為微軟公司在科技發展的先前階段，公司的市場調查專業人員就能夠充分把握市場的走向，然後負責開發產品的軟體開發工程師也能夠充分把握開拓市場的原則，研制配合市場需要的軟體，而且在產品上市以後，還能夠時時更新，定期推出提升的新版本，淘汰舊有的產品，以增加新產品的競爭性。

　　微軟公司經營的哲學之一，就是與其讓競爭對手推出新產品，還不如樣樣自己來，將產品走向的主動權完全掌握在自己的手中，這樣做，一方面可以保持長期的利潤，另一方面則可保持產品標準化的領先地位。

　　除了上面的原則外，微軟公司還採用其他的策略以左右市場發展的導向，例如他們在一九九五年的時候，就進一步簡化他們的產品，但是卻增加產品的功能，他們推出了一系列專門針對一般家庭消費者使用的軟體產品，有關這一點，容後討論。

㈣開發產品的功能，固定每個專業人員的職責，提高
　產品的創新性

　　這是開發新產品，打開消費市場必要的程序，而其中的
第一個步驟，就是任何的高科技公司除了必須僱用具有創新
性的專業人才外，更重要的一點就是，如何將這些科技人員
的創新性導引到正確的方向，而公司的決策人員如何使用新
招數，繼續不斷地吸引消費市場的注意力，同時在人力和時
間都有限的情況下，如何以最精簡的條件，以最快的速率，
推出性能最好的產品。

　　微軟公司在這一方面處理的辦法是，一方面爲公司的專
業人員訂定明確的目標，但是一方面在實際工作的時候，又
給他們相當的靈活性，以便在工作的過程中，根據實際的需
要作必要的調整，應付一些突發的情況，一般而言，微軟公
司在應用軟體的開發方面，總是先由設計小組提出一系列可
爲一般消費大眾接受產品的特點，然後公司內部的軟體開發
工程師再根據這些軟體的特點設計軟體產品。

　　在今天日新月異的消費市場上，在生產產品方面，若是
沒有效率，就談不上競爭力，更談不上公司的生存和發展了。

㈤預先設定工作小組，設計與開發齊頭並進

　　微軟公司內部結構的特點之一，就是「結構鬆散」，但
是這種結構鬆散的特色卻是加強了公司的組織性，尤其是目
前的一些跨國性的大企業公司都紛紛在談論如何削減人浮於
事的官僚組織結構，如何鼓勵公司內部的革新，如何增加工

作速率等問題。事實上，即使是大規模的企劃案，若是一個公司內部的策畫人員和管理人員能夠事先確定好工作小組的職責，預先設計好工作的步驟和程序，那麼在實行起來的時候，就自然容易進行多了。

但是這樣做也有一些難以避免的缺點，例如在產品的發明和創新方面就可能會受到限制，而各個小組之間的交流和協調工作也可能產生困難，在這情況下，微軟公司的解決辦法是，讓各個工作小組在進行工作的時候，又同時享有相當的自由，不過，大體來說，還是以公司制定的目標和原則為每名工作人員的首要責任。

(六)聽取他人的意見，實行自我批評

微軟公司採取這樣的辦法，是一種在學習中成長的組織機構策略，因為一個公司如果人才濟濟，個個都具有專業知識，就很容易產生以個人為中心的傾向，傲氣凌人，彼此之間不互相交流意見，也不吸收前人的經驗和教訓，而且對客戶的意見也不太容易聽進去。

微軟公司鑒於過去的教訓，從八十年代開始，就積極鼓勵員工從過去的經驗中學習未來成功的基礎，重視專業知識的交流，努力創新元件，然後將元件應用到多項的產品項目上，形成產品的標準化，不但節省了生產和測試的開支，同時也減少了售後服務人員的儲備工作。

(七)不斷進取，不斷革新，著眼未來

微軟公司和其他大企業公司一樣，在發展業務的路途上，經常遇到一些困難和阻礙，而且在市場行銷方面，也常

遭遇到各種的挑戰和阻撓，但是微軟公司以堅實的基礎，卓越的產品，穩固的客戶基礎，不斷地改良產品，推出新的產品種類，打入市場，開拓新園地。微軟公司對已經達到的成就從來不以為滿足，他們面對每天的各種挑戰，除了努力迎戰外，還不斷為自己創造新的機會。蓋茲和微軟公司的創業原則是：

> 絕不等待明天的來臨，
> 而是按照自己的計劃，
> 設計明天，把握明天。

雖然微軟公司的產品和業務不是百戰百勝，但是他們對工作的膽識和氣魄，令人不得不信服，而且他們對改進產品的執著和創新，也不得不令人佩服。

　　以上七點是微軟公司成功的祕訣簡要，當後文討論到相關的問題時，還會作更進一步的解說和評價。

二、公司的任才策略和組織

　　微軟公司從剛開始時候三人的小公司，在十數年間就成長為萬人以上的大公司，他們成功的主要祕訣之一在於「用人得當和組織有法」，他們選用的人才都是行業界中的楚翹，而他們經營管理人才的辦法則採用自我管束方式，使公司的雇員能夠享有充分的自由，能充分發揮個人的才幹，而彼此之間又具有相當的約束力，他們之間以公司制定的目標為個人發揮、創造的目標，嚴格遵守預定的時間表格，時時刻刻檢討工作進度，務期達到預定的生產標準方才罷休。對於微軟公司的任才策略和公司的組織，可從下列數點分別討論：

聘用對技術和企業情況都有深刻了解的企業主管

　　微軟公司的成就，不但源於卓越的技術和有效的管理，最重要的也是來自行政主管傑出的領導才能。蓋茲也許是當今美國企業界最具有謀略的企業主管，他的天賦不但是對電腦軟體技術的了解，更重要的是他知道如何運籌帷幄，成功地指揮一個龐大的企業團體。

　　許多年以前，電腦企業界曾經盛傳蓋茲對屬下雇員態度粗鹵的說法，這或許與他的聰智與不耐煩的態度有關，就像

他在中學的時候，對一時答不上問題的同學噴有煩言一般，但是不可否定的一點，就是他對工作的態度從不曾鬆懈過，多年來，他與公司的業務同時成長，他仍然每週、或是每月按時主持公司對新產品的研究和業務發展的會議，不過，在他這個龐大的組織機構中，最重要的，就是他的手下有一批得力的行政人員，能夠協助他操作微軟公司這部體積龐大的機器。多年來的經驗，可以看出蓋茲管理企業的方式可歸納成下列數項：

- 聘用有才能的專業人才，以小組的方式進行研究和開發的工作
- 在產品開發的過程中，使公司的大部門也具有小組工作的靈活性
- 做好事先的規劃工作，減少各部門之間的互相依賴性
- 盡量使公司所有的產品都在同一地點完成
- 在同一台電腦上設計和試用新產品
- 發展統一的電腦語言
- 投資新工具，使專業人員工作更順利
- 在公司內部使用自己的工程工具
- 了解產品細節的人員，不限於少數的幾名公司要員
- 公司各部門的經理參與研制產品和技術方面的決定會議
- 一旦技術和業務方面做了決定，就必須快速進行實現
- 具有廣大的消費者基礎，可以從中獲得寶貴的意見回饋
- 從過去的經驗學習新教訓，提高工作效率

以上這幾點簡單的成功祕訣，看似簡單，但是能夠充分執行却不是易事，微軟公司的主管能夠充分掌握這些原則，徹底發揮，使在短短的二十年成爲電腦軟體業的霸主，這也是微軟公司在經營管理方面的過人之處。有關的詳細內容，在下列數章內，還會作更進一部的分析。

適當分配、掌握權勢的核心

隨著微軟公司快速的發展和成長，蓋茲也經常遇到一些棘手的新問題，爲了保持公司的競爭力，他必須不斷學習，不斷吸取這方面的新理論和新知識，同時對競爭對手的新產品和人事動態也經常保持高度的警覺性，他雖然不可能事事親躬，但是他知道如何適當地分配權勢，同時又能適當地掌握權勢的核心，雖然蓋茲自己沒有大批的助理人員，而且身邊卻不乏幹練的人才，但是蓋茲的私人行政助理只有一名，而且還是兩年才僱用的，這名私人行政助理的主要職責是批閱新產品的設計理論和規格、做會議記錄、密切觀察競爭對手的活動、參加各種展覽會、幫助蓋茲組織管理不同的行政工作。

另外，他也僱請數名技術助理，但是這些技術助理又常常兼任公司的部門主任或是軟體開發工程師，而且對於本身的工作至少已有一、兩年的經驗。這些技術助理的職責是：

・產品情況報告：每一項軟體產品，都必須呈繳一份產品情況報告，各部小組的負責人員每月須將報告呈繳給蓋茲本人，以及公司高階層的行政主管，這是內部

流程的一個重要的環節

- 計劃審查：微軟公司每三個月舉行一次計劃審查會議，每次歷時約兩個小時，蓋茲本人和其他的高級主管通常會列席參加，每個分部的主管都會派出一、兩個人參加，他們的責任範圍包括：項目管理（設計產品規格和標準）、軟體開發（電腦編程）、軟體測試、產品管理（生產計劃和產品行銷）以及使用者的培訓等

- 對於新產品開發程序的控制：這是分辨主、次產品開發的程序問題，決定何事由蓋茲親躬、何事放權的問題

至於蓋茲的職責，則是從整體上指揮公司產品發展的方向，確定未來市場的走向，預報競爭對手的未來動態等等。基於這個基礎，他必須決定企業和技術未來走向的重大方針，蓋茲一再強調，微軟公司的核心結構就是產品，而微軟公司就貫穿產品的市場和企業功能方面，則以具有彈性的組織應對之。

公司組織和程序的發展

微軟公司目前的組織結構和產品發展的程序，是總結對過去的經驗和教訓而得來的。在八十年代的初期，公司曾經組織過用戶小組，主要的工作在進行應用軟體的開發，公司內部不論是系統小組或是應用小組，都可以獨立地進行工作，但是公司在測試技術方面，則常常遭遇到困難，而在品

質管制和產品管理方面，也常遭遇一些障礙，爲了解決這些困難和破除這些障礙，微軟公司多年來在公司的組織方面作了一些基本的變動，以配合實際情勢的需要，下面便是幾件實際的例子：

一九八四年：在公司各部門設有獨立操作的測試小組，並建立專門技術部門，設有項目經營小組和產品經營小組。

一九八六年：開始編撰產品售後文件，確認產品品質和項目經營方面的問題以及可能解決的辦法。

一九八八年：在系統和應用這兩個部門，分別在各種產品小組建立獨立的商業部門。

一九九二年：建立公司總裁的聯合辦公室，並在世界產品集團之下，將系統和應用部門的功能中央化。

一九九三年：將市場銷售部門的功能中央化，除了產品計劃小組外，將各部門的商業小組重新命名爲產品小組。

一九九五年：創立平臺組和應用及內容組。

微軟公司在公司組織方面，十餘年來，曾經作了相當的調整與擴建，使公司的組織更趨完善，而各部門的功能也更能發揮，微軟公司周全的行政組織系統網可以 圖2-1 代表之。

微軟公司在系統和應用軟體方面，長期以來就存在些相當的矛盾性和衝突性，一九九二年的時候，公司的主管經過一段長時期的研究，終於決定將系統和應用部門的責任合併起來，公司的管理人員認爲這兩部門合併後，不論在軟體開發或是編寫軟體程式方面都有很大的進展，特別在視窗九五的編寫方面更是發揮了極大的效率和功能。

圖2-1

比爾‧蓋茲　主席兼最高行政主管			
應用及內容組	銷售及服務組	平臺組	經營管理組
部門副總裁兩名	行政副總裁	部門副總裁	行政副總裁 首席財務主管
桌上應用軟體部	電腦公司銷售部	個人操作系統部	財務部
• Word產品小組 • Excell產品小組 • 項目產品小組 • 圖像產品小組 • 辦公室產品小組	• AST.Digital. Dell • Compaq. Fujitsu 產品售後服務部	• 視窗小組 • MS-DOS小組 商業系統部	生產部 • 軟體生產 • 手冊說明書 資訊系統部
	• 技術及電話服務	• 視窗NT • 企業聯網小組 • 電子郵件	人事部
消費者部	國際部	• 開發和數據庫	
• 微軟公司家庭產品 • 微軟公司Works 網上系統部	主要針對亞洲 先進技術部	先進消費者系統部	
• 微軟公司聯網 科研部	企業系統部	• 多媒體應用軟體 • 雙向電視 • 廣波	
• 雙向電視研究 • 編程生產工具 • 操縱系統及使用 中央使用試驗部	• 特別銷售 • 大企業諮詢 北美銷售部		
產品特徵和樣品使用 測試	歐洲銷售部		

新方向和新部門

微軟公司的電腦控制系統和應用系統是公司目前最大的
利潤來源，但是他們生產的產品並不限於這兩個部門，這些
部門的功能還有一項傳統，就是密切注意新進科技的發展和
消費市場的動向，這方面的職責大約可歸納成為三項：

- 協助蓋茲訂定公司的決策，例如那些產品需要授權生
  產
- 為未來的產品做生產計劃
- 集中公司的精力，全力支持公司產品的發展，並就設
  計中的個人電腦的使用範圍，做更進一層次的研究

根據公司初步研究的成果，未來成長最快的產品市場，
將是新的消費軟體和網路服務軟體，微軟公司的研究部門，
對於新的網路服務系統、操作系統（如視窗九五和視窗
NT）及智能系統的製作上，已經發揮了極大的功能，主管該
部的主管人員表示：他們將繼續不斷地推出更新穎的網路服
務產品，他們有信心能夠超越目前市場上其他領先網路服務
的產品。

微軟公司近年來，由於決策人員在商業策略的偏差，儘
管他們的電腦軟體產品主宰了全球個人電腦軟體產品的市
場，但是他們在國際網路市場的開發則落於其他公司之後，
同時由於國際網路市場的迅速成長，有些新開發的網路軟體
不需要依賴微軟視窗的操作系統就能操作，因此對微軟公司
在世界市場的競爭和生存構成了相當的威脅，微軟公司為了

重振公司的聲譽，為了重返久居軟體市場霸主的地位，因此在目前的開發策略上，特別注重研發電腦網路聯線的軟體，使電腦操作系統在使用國際電腦網路時能夠更容易使用，因此除了在一九九五年底收購電腦網路使用的「爪哇」電腦程式語言外，並且在一九九六年的二月，宣布重組、增加公司內部的結構。

針對全球資訊網路的日益發達，蓋茲認為，今後公司的每一項企劃案都將是針對改變核心電腦操作系統而設計的軟體，蓋茲相信，從八十年代的個人電腦開始，到了今天的九十年代的中期，電腦軟體的設計和生產已經歷經了相當大的改革，但是未來在電腦軟體產品方面最大的改革將是國際電腦網路的產品，因此他認為必須重新設計調整公司內部的組織，以因應國際電腦網路推動方面的種種改變，尤其是電腦軟體如何在這個網路系統上自由交流和使用的問題，以及如何更進一步開發觀眾與電視網路互動的聯線電腦運作系統，這些等等都將是微軟公司未來主要發展的方向。

為了配合公司新發展的方向和網路服務軟體的市場，微軟公司於一九九六年二月宣布增加一「互動媒體」新部門，專門負責國際網際網路市場和新生代的數據錄像光碟市場，將過去的微軟網路聯線服務中心、電子遊戲部門、兒童電腦軟體部門和資訊服務部門都合併在這新創的「互動媒體」新部門。

目前微軟網路約有八十五萬名訂戶，就一九九六年的會計年度開始，上半年度的成長率為百分之四十，數據影視光碟預計在一九九六年的年底推出，但是可能要等到九七年的時候才能大量生產。蓋茲曾經表示，目前公司的收入主要是

靠軟體產品的銷售量，但是未來賺錢的工具將是「影視」的產品，例如從電視電影、現場轉播運動、新聞報導和其他具體實際的內容獲利，他認為公司未來的搖錢樹將是把電視節目和新聞節目搬上電腦網路，從訂戶每月的收費中賺錢，而不再是從銷售與網路有關的軟體產品賺錢。

針對未來的電腦網路走向，最近微軟公司也另外以高薪聘請華府資深電視評論員麥可・金世利籌畫、主編微軟網路的「電子雜誌」，名稱定為 "SLATE"，以政治評論、政治活動報導、一般性的論文、每月書評、詩歌、世界文化動態為主要的內容，經過半年多的籌畫，第一期已經在一九九六年的六月二十四日正式在全球資訊網路中免費提供，計劃到同年的十一月一日以後，微軟公司每年收十九元九角五分作為訂閱該公司「電子雜誌」的費用，而「電子報紙」裡的一些重要文章也將在美國《時代》雜誌內重新刊登。

微軟公司目前也考慮到，當一般人尚不適應閱讀電腦螢光幕上的電子雜誌時，這份 "SLATE" 雜誌也將以書面印出的方式在市面銷售，每期定價三元美金，每年的定費是二十九元九角五分。

雇員分布統計

微軟公司目前約有一萬七千八百名的雇員，他們的人數和職責可以 圖2-2 表示。

微軟公司在八十年代初期的時候，他們在DOS／視窗的研發人員僅有十名左右，整個部門所有的雇員不過四、五十人，後來隨著公司業務的擴張，其他的部門也歷經了雇員驟

圖2-2

人數	部門及負責的範圍
四百人	計劃經理和產品規劃人員
一千八百五十人	軟體設計工程師
一千八百五十人	軟體測試工程師
三千一百人	消費者客戶售後服務工程師
四千人	市場開發、銷售、及諮詢服務
六百人	使用者培訓
二千二百人	生產和行政
三百人	科技研究
四千五百人	海外雇員（各部門包括四百名軟體開發工程師）

增的過程，就以產品售後服務部為例，該部門從八十年代的幾十名雇員增加到今天的兩千多人，他們為產品開發小組提供了許多寶貴的意見，另外微軟公司的銷售和市場部也從過去的少數幾十人增加到目前的四千人左右，這個部門的雇員除了市場銷售的專業服務人員外，還包括了負責替別的公司安裝數據庫，和聯線網路系統的數百名諮詢工程師在內。

策畫產品銷售和市場開發的開銷支出，佔了微軟公司開支費用的大部分，根據一九九五年的統計，約占微軟公司經費的百分之三十左右，經營花消（包括產品售後服務）約佔百分之十五左右，科技研究開發（以現行費用計算）則佔百分之十三左右，行政管理百分之三，扣除上述的花費後，微軟公司的稅前收入就只佔百分之三十七左右，由於科技研究、銷售和市場開發、以及售後服務等費用急遽增加，使蓋茲和公司的高級主管不得不設法降低成本，他們研究的的結

論是：使製造產品的過程更爲系統化，使各部門之間的協調更加完善，提高產品質量，使產品更容易使用，從而減少產品售後服務的開支。

隨著公司各部門之間依賴性的加強，產品種類的增加，而軟體產品的內容也越來越加複雜，因此要保持各種產品之間、及同一產品新舊版的兼容性和一致性，又同時要設法減少公司的開銷，在這種情況下要達成雙項的任務，也就顯得越來越加困難，因此造成公司有時候很難按照原來的計劃和時間表推出新產品，例如微軟公司的「辦公室」和視窗九五在上市前，就經歷過這樣的困難。

根據企業研究專家的研究報告，許多大企業公司的一個通病就是：不能夠繼續不斷開發、改進新產品，以市場消費者的需要作爲產品生產的指導，例如美國全錄公司的研發中心原來是開發個人電腦的功臣，但是他們卻未能將個人電腦技術商業化和圖像化，另外國際商業機器公司在電腦技術上，也頗具發明創造的功勞，如減少電腦操作指示的功能等，可惜未能走向商業化。微軟公司的技術人員能夠創新發明，不墨守成規，敢於與衆不同，其中的主要原因之一就是公司的領導階層都是深通技術的專業人員，他們深切了解，新發明的科技是推動工業進步的原動力，在競爭激烈的各門行業中，若只是靠點聰明才智，玩弄點小聰明，是根本無法生存下去的。

篩選雇員的原則

一般而言，蓋茲是少數幾個既懂得技術，又深通用人之

道的佼佼行政人員之一，因此微軟公司在僱用專業人才方面，總是篩選最有能力的人才，他們對技術和企業界都有相當的認識和了解，因此在甄選高級管理人員方面，微軟公司也總是揀選最有業績的企業主管，這些主管在環繞及貫穿產品市場方面，總是採取具有彈性的管理方式，不但能夠充分發揮企業功能的最高層次，同時他們對公司企業的總體發展，也具有不可衡量的影響力。

在今天日新月異的資訊工業時代，微軟公司在市場的競爭和產品的翻新方面，不但能夠保持不落伍，時時掌握發展新技術，使產品不斷推陳出新，同時還能夠時時保持領導群雄的地位，實在不是一件容易的事，推究其中的成功因素，用人方面的策略就是其中的一大訣竅。

一般的企業公司在僱用、或是提拔人才時，多半只是考慮他們的學術背景和管理能力，並不太強調如何將他們的專業知識和技術，與企業經營管理的策略相互配合，但是微軟公司在這方面與眾不同，他們在僱用人才的時候，總是特別強調如何將專業知識變成財富的能力放在第一位，這樣做得缺點之一就是，公司擁有經驗的中層企業經理並不多，但是在高速發展的軟體市場內，微軟公司能夠克服這些缺點，實現公司以專業知識製造財富的目標。

除了上述甄選人才的方式外，微軟公司還時時以聘用新科技人才的方式吸收新血，不斷擴大公司雇員的知識層面，由不同層次知識層面的組合，決定如何推出消費者喜愛的各種軟體產品，其中包括目前最熱門的資訊高速公路的產品和網路服務項目等。

微軟公司到底如何篩選專業人員？首先他們對前來申請

工作的人員進行嚴格的審核程序，尤其是對軟體開發的專業人員，更是嚴格地甄選，根據數字統計，最後被錄用的人員僅佔申請總人數的百分之二到百分之三左右。對管理階層的專業人員而言，公司最看重的是：既精通技術，又能活用這些技術，能為公司打開新市場的人才。這些雇員的平均年齡是三十歲左右，很多雇員的年齡只有二十餘歲，特別是應用軟體組的編寫程序工程師，很多都是剛從大學畢業的畢業生。

　　一般來說，微軟公司特別喜歡從大學校園招聘新人，公司的主管人員認為，這批新招進的大學畢業生比較容易接受微軟公司獨自形成的文化，因此一般招聘和篩選雇員的程序是：每年的春季，公司派出大批的專員到全國四、五十所著名大學召募應屆畢業生，同時也注意當地的大學和海外的一些名校，後者常常是產品售後服務和測試人員的來源之一。面談方面多半由各部門的主管負責主持，例如產品開發部對軟體工程師進行面試，而測試部也自行招考測試人員，在面談的過程中，主管人員並不單純為了解應徵人員對電腦技術或市場情況的認識有多深，而是從四個方面去考察，即個人的雄心大志、應變的智慧、專業技術知識、和商業判斷能力。其中以應變智慧一項最為重要，例如在面試過程中，主管人員常常會問一些無關緊要的問題，例如，請計算一下密西西比河的流量；全國共有幾個加油站等之類的問題，答案是否正確無關重要，重要的是，應試人員是用什麼方法去分析問題，進而解決問題。

　　一般在校園通過初試的人員並不多，平均只有百分之十到百分之十五左右有複試的機會，然後從中選出百分之十到

十五之間優秀人員，最後僱用的人數僅佔原來面談人員的百分之二到三左右。

至於微軟公司的商業主管，他們對該行業的技術和商業動向都具有相當透徹的了解，因此在僱用這方面的專業人才時，不論是高級的行政主管、產品開發工程師、測試人員或是其他的產品生產人員，總是從應徵人員中，僱用最聰明的，所謂聰明的人員，根據蓋茲的定義，就是這類的人才能夠在很短時間內，迅速了解、並解決複雜的問題，並且具有獨到的見解。蓋茲本人就是這樣的一個人，因此他也希望公司其他的雇員能夠具有這樣的素質。

所謂僱用最聰明、最有才能的專業人員，從微軟公司的角度來看，主要是針對對技術和企業都有深切了解的人員而言，在微軟公司的各個產品組和部門經理之下，共有五千名左右的軟體開發工程師和測試工程人員，在電腦軟體工業方面，一位高效率的工程師可以抵上十多倍平庸人士的工作效率，微軟公司認為高效率的生產部門不在於人數的多寡，而在於工作效率的高低。相形之下，美國的一些電腦公司在選用軟體開發工程師時，缺乏嚴格的技術標準，甚至有些時候聘用一些毫無專業知識或是經驗的工程師，期望進了公司以後再慢慢地進行培訓，在這種情況下，自然不可能指望雇員具有高效率的表現了。此外僱用聰明的專業人員還可以減少公司內部官僚主義的形成，增加公司內部運用的靈活性，使每名員工都能夠運用自己的智慧和專業知識，處理好自己份內的工作，達到公司要求的目標。

微軟公司的管理階層十分重視雇員的教育素質，他們聘用大批的麻省理工學院和其他名校的畢業生，可謂人才濟

濟，根據微軟公司的一名高級主管人員表示，微軟公司與其他企業公司最大的不同在於選用的人才上，微軟公司的整個運作系統，都是根植於僱員工作的高效率和聰明才智上，如果經理人員的身邊工作人員都符合這項標準，那麼在行事操作上就覺得游刃有餘，一旦問題出現，就能夠在最短的時間內解決問題，不至於拖延時日，浪費公司的金錢和人力。

　　多年來，蓋茲在僱用人員時，總是親自與數百名應徵的電腦程式製作人員、經理主管和專業人員進行面談，而這些應徵的人員也可對蓋茲的專業知識提出挑戰性的問題，蓋茲喜歡從這批精英之士之中挑選出能夠佐助他做各種有關公司的決定，包括監督開發中的軟體項目、未來公司的走向等，並且這些人還能夠幫助他訂定各種商業決策，蓋茲喜歡培養並提拔年輕的技術人員，然後根據他們的表現，逐漸提升他們成為中階層的管理人員，由於這些甄選人才的因素，加上公司在軟體發展方面的決策，使公司的業務能夠在短期內迅速發展起來。

　　微軟公司除了僱用精英人員外，公司內部還有一個核心智囊團，智囊團的組成人物是公司最高階層的主管，由十多個人組成，主要的任務是幫助蓋茲決定重要的產品項目、建議生產何種新產品、組成非正式的監督團，對個人的工作業績提出評價等等。這個智囊團的人物有好幾位是公司的開國元勳，有幾位來自別的競爭對手的公司，現在為微軟公司效命，另外幾位則來自其他個人電腦以外的領域。

人事組織和人員的流動

　　蓋茲和早期創業人員都秉持一項特殊的基本用人原則，換句話說，就是除了要求自己時時追求新知識外，在任人方面，也要求在技術上有能力，但是並不限於僅僅懂得技術的人才，尤其是在開發組織機構方面，更是如此。因此在公司內部，常常可以看到一些專業人員在升任經理之後，仍舊不脫離本行，甚至一些大部門的主管人員，如文字軟體或是視窗等部門的經理，他們至少以三分之一到一半以上的時間用來編寫程序數碼，這樣做的主要原因之一，就是使這些管理人員仍舊有接觸實際工作的經驗，一旦出了問題，他們能夠立刻尋求解決的辦法，做出正確的指示和決定。

　　由於微軟公司用人的標準在強調技術能力和生產標準，因此公司內部很少看到墨守成規、不懂變通的人員，通常他們不重視正式的頭銜，也不重視玩弄政治手腕。公司奉信的哲學是：一個人的頭銜並不重要，重要的是他能夠發明什麼新產品，因此凡是在技術上或是產品方面有建樹的自然能夠獲得獎賞和提拔。此外微軟公司內部組織的另一個特徵就是，公司內部的每一個部門都呈現權力均衡的狀態，每名雇員都有充分表現的機會，因此凡是有特殊才能的人員就容易獲得公司上層主管的另眼相待，而且也容易獲得升遷的機會。

　　雖然微軟公司在僱用人員和公司經營管理方面有它的專長，但是不可否認的，其中也有一些難以避免的缺點，例如僱用聰明的專業人員雖然能夠發揮許多的長處，但是這些人

才有時候也不太容易接受指揮，高級主管，甚至蓋茲本人，有時候都很難指揮這些人才濟濟的屬下，很難達到一呼百應的情況。服從、合作、交換意見、互相尊重或是相互學習，這些對聰明的人來說常常是一件很難做到的事，有時候這些聰明的雇員寧可自己碰壁、苦心鑽研，也不願意求教於他人，他們認為這樣吸取的經驗和教訓才會持久，但是從公司的角度來看，很多重走的路線是不必要的，徒然浪費公司的時間和金錢。

　　提拔技術專業人員為行政主管人員的缺點是，這些技術專業人員缺乏管理人事的技巧，同時由於仍舊從事升職前的專業技術工作，因此沒有足夠的時間去學習或是熟悉人事管理技巧。微軟公司不強調正規的訓練程序，也沒有提拔管理人員的成文規定，無疑的，這是公司的一個弱點，公司在選取人員時，重視的是技術能力，而非管理經驗，近年來，微軟公司雖然逐漸制定了一些政策，就是專門針對解決這方面的問題，希望不再在同樣的問題上花上雙倍的精力，但是這些制定的政策只是作為參考之用，並不是必須絕對要遵守，因此有時候仍舊不免出現一些糾紛。

　　有關人員流動和過量工作的問題，這也是微軟公司的特色之一，由於微軟公司的人員經常要超時工作，在經過一段時間後，很多的人員就會因身體或是精神的超量負擔而辭職，有些人認為是公司為了節省開支，盡量減少雇員，使大家都在超負荷的狀態下工作，舉一個例子來說，軟體開發工程師過度疲勞的現象很普遍，主要的原因是公司低估了編寫程序所需的時間，因此造成測試人員的工作進度也受到影響，由於他們的工作時間表必須與軟體工程師的一致，因此

有的測試人員不得不通宵達旦守在測試現場。

根據過去的統計，每年離職的新雇員約佔全體員工的百分之十左右，這一比例在公司的頭五年內一直持續不變，五年後，由於公司內部的基本人員漸趨穩定，情況大為好轉，雖然也有一些請長假的，但是辭職的雇員卻很少了。

功能重疊的創新小組

為了補救上述的缺點，同時為了管理好具有創見的雇員和技術人員，微軟公司採取的策略是，組織重疊功能的專家小組：

- 建立專門技術部，以小組形式分工合作，責任範圍有些重疊的部份
- 放權給各部門主管，讓他們自己組閣，聘用他們所需的技術人才，分層負責
- 讓新雇員在工作中學習新經驗、新技術
- 設立工作成就記錄和「等級制」，以保存和獎勵在技術上有建樹的工作人員

微軟公司在人事結構組織方面的原則是：建立不同功能的部門，以小組形式進行工作，有時候，會有組織部門功能重疊的現象發生。微軟公司在每個工作範圍內都設有專門的部門，不過公司總是鼓勵雇員擴大知識層面，並且鼓勵員工之間互相分擔責任，同時在一大組之下，還分別設有若干功能的小組，以獎勵的方式提拔有特殊建樹的人員。

事實上，獎勵有建樹的工作人員制度，並不是微軟公司

所獨創的，但是這種獎勵辦法對以高科技為主要業務的公司而言，卻是不可或缺的行政制度。微軟公司在實踐公司組織法中，充分體現了這一項用人的原則。前段已經提過，微軟公司在僱用新人時，凡是有關雇員的職責範圍、聘用新人的制度、培訓新人時，特別著重雇員的技術能力，其重視的程度可說遠超過其他的大公司。

微軟公司在公司最初成立的時候，就已經逐漸建立起工作成就記錄，並設有等級制度，但是在組建各個技術部門、招聘相關的技術人員之後，新的問題又出現了，這不但是微軟公司獨有的問題，而且也是很多其他高科技企業經常所面臨的難題，這個難題就是如何保住技術人才，如何使公司的智慧財產投資得到相對的回報？同時又使技術人員有充分發揮他們特長的機會？一般來說，微軟公司是從技術人員提拔他們的管理人員，技術人員升遷為管理人員之後，仍舊要從事一些技術上的工作，但是並不是每一個員工都願意這麼作，在這種情況下，就必須以獎勵的方式鼓勵他們兼任兩職，同時對他們在技術方面的成就也要特別加以表揚。

這些措施對微軟公司的上層管理階層來說很不尋常，很多人都知道微軟公司的公司組織最不拘於形式，最不喜歡採取官僚主義的作風，不過為了保住技術骨幹人才，這樣的鼓勵方式還是十分重要的，微軟公司在每個部門設立技術職稱，例如測試部和開發部，另外還設立了全公司的職位職稱，如產品部和公司總部，工作成就和業績記錄好的雇員在工資報酬方面就有獎賞，不過公司也很注意雙重職稱的概念，也就是說，一名雇員的成就不一定是建立在他的職稱上，只要有傑出的表現，只要對公司有貢獻，不論在哪一方面或是哪

一部門，一樣都會受到公司的提拔和獎賞。

　　另外還有一點值的一提的，就是以微軟公司的組織規模之大，產品種類之多，但是他們並沒有正規的新雇員培訓程序，這就一般的大公司而言，簡直是很難想像的，不過從工作範圍有彈性的觀點來看，這是一個優點，但是從另外一個觀點來看，雇員有時必須經過試驗和失敗去重新學習，費時費錢，這也未嘗不是微軟公司人事培訓的一個缺點。

管理階層的職責

　　在微軟公司的工作組織結構下，最難描述的可能就要數經理的工作了，每個部門的經理必須負責管理整個產品的規格，同時又要充作軟體開發和市場推銷兩方面的聯繫人，一般來說，他們的主要職責範圍如下：

- 設想產品的前景
- 編寫產品規格
- 制定生產時間表
- 計劃產品開發程序
- 權衡各種因素，作出正確的決定
- 協調各產品開發小組之間的工作

　　在產品開發方面，微軟公司的產品開發人員又稱為產品開發工程師，他們在公司具有相當重要的地位，產品開發計劃項目經理負責產品的總體設計，以及產品的一般特色，當這些先前的條件決定之後，軟體設計工程師然後依照這些規格寫出生產的細節，產品的具體內容。這些工程師的職責範

圍可歸納成下列數項：

- 設想產品的新特色
- 設計這些特色
- 部署產品項目人員小組
- 製作產品特色
- 測試產品的特色
- 籌畫產品推出前的準備工作

計劃項目經理的職責範圍很廣，卻又沒有嚴格的定義，他們必須與其他各部門密切配合工作，特別是產品開發和產品管理部，一般大學的課程中並沒有專門開這一部門的課程，因此在召募計劃項目經理的時候，常常會遇到一些困難，沒有人眞正能夠確定是否勝任這項工作，也不知道招聘的人才應該確定具有什麼樣的教育背景，微軟公司在招聘這方面的人才時，確實花了不少功夫，他們在這方面的人才來源主要來自各大院校，約佔百分之八十左右。

前段已經提過，微軟公司的軟體開發工程師在公司內佔有極重要的地位，這些人才除了須要熟悉電腦軟體語言外，並且還要懂得初級的裝配語音，以使電腦系統的工作速度加快，他們還須要具有普遍的邏輯推理能力，能夠在任何的工作壓力下，如其完成工作。微軟公司的管理階層主管相信，在招聘應試人員時，具有良好表現的應徵人員，在編寫軟體程序數碼時也會有良好的表現，微軟公司僱用這方面的人才並不只是單純對電腦的編寫工作感興趣，更重要的是能夠以此爲樂，從中尋求挑戰，向市場推出能夠爲公司帶來利潤的產品，這個職位的人才來源通常也是直接從大學畢業生中直

接召募。

　　至於召募測試工程師的過程也並不十分簡單，應用軟體測試人員必須要了解市場上客戶的需要，而系統軟體測試人員則必須了解軟體工程師是如何設計產品的特色，軟體本身是如何與控制系統和其他的機件如印表機配合操作的，測試工程師的職責就是要盡量挑毛病，好像是在雞蛋裡挑骨頭一般，盡量找出軟體的毛病，他們的工作與軟體工程師和小組經理的願望完全相反，希望能夠找出錯誤和缺點，然後加以改進，精益求精。從事這方面的工作的基本原則就是讓新雇員能夠在工作中學習，在實踐中吸取新經驗，並輔以適當的指導。

　　就產品測試方面，尤其在主機和在微電腦的行業中，軟體公司常常依賴本部的開發工程師對他們自己編寫的數碼程序進行測試，但同時也會有一組專門訓練的技術工作人員作專門的測試工作。在個人電腦的行業中，開發產品的工程師經常又是產品的測試人員，不過在有些情況下，公司也會聘用一些外來的公司合約人員作為助手。微軟公司過去在這方面也不例外，但是自從八十年代開始，尤其自一九九一年以後，微軟公司致力於建立自己公司內部的測試部，與產品的開發部完全劃分開來，兩個部門獨立運作，具有相等的地位。

　　微軟公司還有另外三個專業小組，本身具有專門的職責，但是整體上又與其他的部門相互依存，這三個部門是：

・新產品經理部門，他們有的是新產品開發專家
・顧客服務部門，顧客服務工程師為顧客提供產品售後服務

．僱用人員培訓部，負責編製手冊、說明書、協助產品
示範等工作，他們通常也是產品生產組內的人員。

這些部門的經理在工作的原則上是：放權讓專家設計他們自
己的技術工作，他們還可以選聘自己所需要的技術專業支援
人員。

在八十年代的時候，微軟公司新成立了計劃項目管理測
試等部門，由於公司在當時並沒有先前的經驗，也沒有現成
的條規可以遵行，很自然的，公司各部門的經理就得讓自己
組內的專家負責工作的規劃，還有招聘新人等事宜，後來新
進的人員就沿用這項傳統，隨著公司人數的上升和產品項目
的增加，微軟公司開始面臨著如何培訓新人的問題，尤其是
培養管理方面的人才。在公司剛剛成立的時候，公司的員工
多半靠口頭交流，或者自行試用產品，從試驗中獲取經驗，
而新雇員也經常向老雇員請教，老雇員負有教導新雇員的責
任，每個人都從錯誤中獲取教訓，一直到今天，微軟公司仍
然保持這項傳統不變，公司在培訓後進新人的工作時，仍舊
不特別設立正規的學習程序和規定，甚至在學習的過程中，
也沒有什麼流程記錄，小組長、技術專家和正式指定的技術
指導人員都是新雇員的教師。

微軟公司今天有這樣的成就，不可否認的，因為微軟公
司具有一位特別傑出的企業領導人才，也就是微軟公司的創
辦人比爾．蓋茲，他能夠組織效率高超的管理階層和一群精
通電腦科技和活用企業管理的專業人才，這些人才在蓋茲的
領導下，知道如何革新產品，建立產品的新標準，並且如何
在競爭激烈的市場中取勝，保持長久領先的地位。

三、公司產品經營和管理的策略

　　微軟公司在公司組織和人事結構方面，主要以建立功能不同的部門，以小組分工合作的方式，達到生產產品的目標，他們在公司經營和管理的策略，也主要是配合產品的開發和製作，成功的產品就是公司的搖錢樹，因此微軟公司內部不論做任何的調整，人事方面不論做任何的安排，公司經營管理的策略只有一個中心目標，就是開發產品，開拓市場，創造利潤。

　　微軟公司在開發產品的過程中，他們奉行的原則是：「不論開發任何產品，都必須以固定的人力和物力，在最短的時間內，集中開發產品的功能。」下面五點就是他們奉行的產品開發過程：

- 利用特徵，設想產品的功能，總結要點，引發發展項目的進展
- 將大型的產品分成好幾個階段完成，中間設立緩衝點，但不分別設立產品的維修點
- 根據用戶使用的次數和有關的數據資料，決定選擇軟體的基本功能和重要性，包括軟體的定位
- 逐漸發展水平面與模式標準設計的形式，根據既定的形式，開始構思軟體的內容，以軟體項目結構反應產

品的結構

・每位工作人員必須具有忠於職守的精神,確保產品的品質,而每項產品所需的人力和物力都有固定的比例支出

事實上,微軟公司在產品的開發和研制過程中,並沒有什麼獨特的新意,許多成功的大企業公司,包括電腦數顯設備公司,電腦企業集成企業公司,國防設備生產公司,以及許多的電子設備廠家,他們在設計新產品的時候,都採取類似的模式與策略,但是微軟公司與這些公司不同的地方於他們的實際行動上,他們工作人員在執行上述的原則時,要較其他的公司更有效率,因此在產品的競爭能力方面,也大為加強。

經營和管理市場的兩項原則

微軟公司開發各式產品的最後目標就是擴大消費市場的新產品,為消費大眾提供更廉價、更簡易、性能更多的產品,同時樹立產品的規格和標準。微軟公司在經營、管理、開發產品的特點是:

・研究時間盡量縮短,減低成本
・產品的流通期以短期為主,不斷推陳出新

這兩個特點對產品的開發產生了相當的影響力,尤其是產品既要有機動性又要具有靈活性,具有周全的規劃,具有藝術性的工程製造方式,而在行動方面,又要能夠迅速準確。

一般電腦軟體生產的公司是根據市場節奏的快慢，定出產品生產的速度，按照產品一套完整的規格計劃，然後才開始動手編寫預定生產的軟體，但是微軟公司的開發工程師通常是數管齊下，同時進行開發的工作，根據他們內部的工程主管人員表示：因為消費性的軟體開發在過程上十分快速，因此所有的開發項目都必須同步進行，有時候剛剛定出的一套產品規格或是階段進度表，不出幾天，這些所有的規格和產品進度又得重新修改和訂定。至於測試新產品也必須同步進行調整，這一切開發的過程都必須以最快的速度進行，而不能有任何停頓的現象。

　　在開發任何產品之前，微軟公司都已經調查好客戶的需要，而每個生產部門也都必須深切了解，同時按照客戶的需要分別進行研制開發的工作，而客戶的需要經常是開發產品的主題，一旦確定開發產品的主題和功能時，產品的各項功能也必須能夠融會貫通。

　　另外在設計產品的性能時，還要根據產品的重要性進行分類，並在產品開發的全部過程中，設立三到四個進展的目標，同時為了在產品研制開發的時候，能夠充分發揮人盡其才、物盡其利的功能，管理階層的工作人員還需要盡量配合，務必在固定的時間內和工作人數下，完成產品開發的任務，因此在工作的時候，在有限的人力、物力和時間下，工作的進度必須隨時調整、配合實際情況制定出產品的開發進度表。工作人員務必在預定的日期內，集中該開發部門全部的精力，按期推出產品，而生產小組在訂定生產目標時，同時要與公司內部其他的項目小組、產品批發商和協調製造的第三方協調好步驟，以產品預定出廠的日期為主要目標。

在公司經營管理的整體部署、計劃中，雖然產品出場的日期有時因特殊情況會有變動，但是微軟公司一般堅持的原則是：一旦產品完成的目標確定，就務必按期完成任務。

階段性的發展

如前所言，微軟公司經營管理的一切目標是以開發產品為主，因此在制定產品出產的目標和經營策略時，必須考慮實際的情況而具有若干的彈性，今天的微軟公司與八十年代的經營策略相比，目前的公司經營方式可說更具有靈活性，而經營的方針也更為實在，但是在今天的經營管理方式下，和公司整體的運作中，卻仍不失微軟公司當初勃勃的雄心。

從微軟公司目前開發的產品大項目來看，一方面顯示了公司內、外部機動的嚴格性，一方面也表現了相當大的靈活性。一般來說，一個典型的桌上應用軟體，通常開發的時間是十二個月到二十四個月之間，目前微軟公司的計劃是，就小型的產品而言，希望在十二個月內能夠翻新、提高產品的功能，而在二十四個月內，在軟體的結構性方面，作些重大的改變。另外，在編寫某一種軟體程式時，在一些特殊的情況下，可以同時進行上述的兩個層面，以期確保在十二個月內，能夠推出改良的新產品。不過，一些大型的控制系統產品，如「視窗九五」或是「視窗NT」一類的產品，所花的時間就長達三、四年以上。

一般而言，微軟公司生產部門的經理，在計劃生產任何產品之前，都會預先準確地估算開發產品時所需的人力和物力等，有時候還會預先估計一些可能出現的問題，待準備周

全，萬一無失時，才眞正開始進行研制開發的工作。總而言之，微軟公司在產品開發的過程中，可以下列的幾個階段作爲代表：

(一)計劃階段

微軟公司的產品開發程序始於八十年代，其基本概念包括設立里程標誌，力求盡善盡美。

(二)規劃階段

這是整個軟體設計開發過程中的第一個步驟，這個階段包括對產品市場前景的籌畫，其中包括推銷計劃、設計目標、設計規格、產品生產組成部門、測試草案、檔案材料策略、各部門生產之間的協調工作，以及一系列的使用問題。

(三)開發階段

在這一個階段裡，要完成的各項功能已經有了明確的規定，以按部就班的方式分成三個或是四個階段進行。

(四)技術責任

每一位參與的設計開發工程師都必須提出個人的意見和專長，同時還要提出合理的進度表，相互比較配合，然後設定一套軟體的內容和提出一套合理的工作時間表，一旦內容和工作時間表確定，軟體開發工程師就要按照設計的規格編寫軟體程式，測試工程師開始針對產品的各項功能，編寫測試計劃，以保證產品的品質，另外，客戶培訓人員也要開始準備編寫各種文獻資料的說明書或是使用手冊。

㈤測試階段

通常在製造產品的過程中，要先通過各項產品測試的工作，試著找出產品的各項缺點和毛病，及時加以修正，這樣比產品推出後再作修正的工作要容易的多，而且在修改的過程中，還可以增加產品質量的穩定性，使整個生產過程更爲明晰，進而準確地預算出產品上市的日期。

㈥穩定階段

在這一個階段，測試工程人員需要作大量的測試工作，力求修正事先可以看出的產品缺點，爲正式推出產品之前做好最後的準備工作，到了這一個階段，通常盡量不再增加產品的新功能，除非是爲了配合市場上的需要，或是出於競爭上的策略，例如以打敗競爭對手的產品。

㈦緩衝階段

微軟公司爲了達到工作的最高效率，通常要求參與的設計工程人員要能預見產品可能發生的問題，因此在開發產品和穩定產品的階段，都預留一些緩衝的空間，在這段時間內，應可足以應付由於未能對產品作全面的了解而發生的變故，或是原來不曾想到的問題，而造成產品未能如期上市，或是某些產品的某些共有功能需要事先作些調整的工作等，總而言之，緩衝階段是任何產品針對應變情況所不可或缺的一個階段。

(八)回顧與審查

公司上級的主管人員必須對屬下各部門施以一定的壓力，以便更能夠進一步改善產品的功能和品質，每一週或是每兩週或是每一個月都要召開一些針對產品項目的會議，進行回顧和審查的工作，檢查產品的每一個環節是否有缺陷，這一步驟在執行某種計劃之前尤為重要。

(九)產品的維修

有一些軟體開發公司，產品的維修通常由另外分開的工作小組承當，而這些維修人員本身並沒有直接參與產品開發的經驗。微軟公司在這方面與其他的公司不同，不但作風迥異，而且基本維修的哲學也與別的公司有著相當大的差別。通常微軟公司在研制的過程中，不但要定出產品的功能，而且還不斷對產品進行修補、改正的工作，特別是在修正前一版本的軟體時，更要下功夫。此外，微軟公司也設有專門接聽用戶電話的工作小組，而分派的人數則是按照電話量而作決定，如果是突發性的問題或是針對軟體的補充版而言，也有一些負責應急的維修人員負責接聽用戶的電話。

以上的九點，是微軟公司在經營、管理產品開發過程時必須經過的一些階段，雖然公司在操作方面具有相當的彈性，但是就整體的工作程序而言，這九個階段仍然是公司開發產品時，必須奉為圭臬的手則。

市場的預測和報告

　　微軟公司的經營和管理部門，在從事市場調查的時候，一般以市場的預測和報告作為主導產品的開發和進展，特別是在進行某一項的產品時，微軟公司和其他的軟體開發公司一樣，既有足夠的工作結構架式，又預留有充分的空間，以處理預料之外突發的事件，但是微軟公司與其他公司不同的一點是：在產品推出的初期，並不試寫詳細和完整的產品規格，而是採用高超的設想方式，以要點的方式列出產品的規格，然後才將產品的分點項目逐漸開展出來。

　　對產品未來的出路要預先準備好，那麼在產品特點的取捨方面，就比較容易作出決定，例如「卓越」軟體5.0版本的市場預先報告約有五頁的篇幅，這份報告包括了市場推銷部門對產品功能的要求，按照每個問題的重要性安排如下：如特殊功能，需要與之配和的軟體和硬體，特殊環境，統籌單位部門，以及進度表的各種方面的考量等。其中劃分的過程，可以下類八點作為說明：

㈠編寫規格文獻資料

　　一份軟體文件的資料就好像是一份菜單子，對軟體開發人員、測試人員、用戶培訓人員或是市場推銷人員來說，就像是一本專講烹調的食譜，通常這些文件資料列出產品的全部功能、特徵和規格，藉著這份文件的傳播，就可以將產品的特色傳達到研制小組的每一位工作人員，或是公司內部其他階層的管理人員手中。

(二)計劃項目經理負責協助和編寫產品的規格

公司內部的計劃項目經理在整個產品的研制過程中,一直扮演的是核心人物的角色,他們除了負責編寫產品的規格外,還必須協助並且確定與用戶之間的關係,協調處理內部各項操作的問題,計劃項目經理還必須經常向他們的工作人員提出下列的問題:

- 這項軟體功能的意義是什麼
- 這項軟體功能對使用者有什麼作用
- 這樣做說得通嗎
- 在微軟公司出產的產品中,有產品具有類似的功能嗎
- 產品的終端用戶是否真的需要這項產品
- 產品的開發是否真的按照原來的設想進行
- 在設計過程中,還遺漏了些什麼問題
- 工作小組在意見交流方面是否透徹

(三)管理產品規格的工具

在產品開發過程中,在意見上要能互相交流,對於各項的功能,也要能夠嚴格管制,如果要增加或是修改某項軟體的功能,在一般的情況下,工作人員小組以公司內部的電子郵件交換意見或是傳達消息,以前使用的是微軟公司自己的產品「文字」,現在則用「卓越」軟體交換意見。

(四)樣品軟體

當公司內部的經理人員確定開發某項新產品或是提昇舊版本時，製作軟體的樣本則成了第一步的主要工作，樣品可以在使用性能等許多方面提供測試的對象，有助於決定測試人員的反應，參考他們的反應和意見，可以使產品更臻於完善的境地。

(五)提綱式的規格作為靈活機動的文獻

編寫軟體規格時，不能夠寫得太死，或是過於詳盡，如此便會限制了發揮創造的能力，微軟公司在研制軟體的過程中，總是特別強調軟體功能的創造性，因此規格文獻應該具有充分的彈性，以便隨時可以增加或是刪改規格的內容或是設定的標準。

(六)凍結文獻的面貌

如果開發一項產品，但是在與用戶的關係上，遲遲不能作出最後的決定，同時由於時間緊迫，若是停頓下來，很可能就會耽誤了推出產品的預定時間，為了避免這一類的延誤，微軟公司專門訂定了凍結文獻的原則，使用戶培訓人員，在產品研制和測試的最後階段，同時能夠按照原來的速度進行文獻規格的編寫工作，但是在某些情況下，軟體開發工程師不斷地修改內容或是功能，而使與用戶有關的內容常等到最後一刻才交卷，儘管這些開發工程師當時盡了最大的努力，以求將軟體的內容及早訂定下來，但是由於開發組的人員經常修改，使編寫人員無從下手，因此也只好隨之應變，

作出一些最後調整的工作。從這一點可以看出，微軟公司的
軟體開發工程師，他們的地位要比其他工作人員稍高。

(七)軟體規格的書寫方式必須具有彈性

不論是微軟公司或是其他的軟體開發公司，最容易引起
產品延期推出的主要原因是因為產品的規格的變動，也就是
在產品開發的過程中，由於產品本身不斷地修改、變動，因
此在書寫產品的規格方面，經常出現這樣的現象，就是一旦
某些規格要作修改，連帶的一連串有關其他的規格也要作適
當的修改，因此延誤的現象就難免會發生了。

(八)了解產品性能，分辨先後次序的困難

隨著微軟公司產品種類的增加，以及產品的功能日趨複
雜，所生產出來的軟體特殊功能也就越來越多了，因此在開
始著手產品的開發時，就必須將產品的功能分出次序的先
後，通常在決定功能的先後或是重要性時，一般採用的辦法
是，先考慮在下一個版本內容中，需要保留和加強的項目功
能，公司作這樣的考慮，無疑的，是要減少將來用戶使用諮
詢電話的數量，這類的電話，平均每通耗費公司十二美元。

微軟公司通常根據上述的八項原則進行產品的開發和測
試的工作，但是在開發的過程中也非墨守成規，一成不變，
軟體開發工程師在工作的時候，具有相當的彈性，可以隨時
提出意見，微軟公司開發產品的模式可以說是「在成規中求
變，在求變中求穩定」。

用戶意見反饋和市場數據

微軟公司在決定選取產品的功能以及開發的先後次序前，多半是根據用戶的使用活動和市場數據來作最後的決定。當微軟公司剛剛成立的時候，在決定產品的功能和開發的次序時，根據公司內部的人員表示，常常是看誰的嗓門最大，喊得最響來決定取捨，而當初在設計開發新產品的時候，意見之多，建議之廣，使得公司無法一一採納，討論、爭論的結果，常常是最難作決定的決策只好放棄不用，因此有些好的方案就成為公司爭論下的犧牲品。

公司創辦之初，微軟公司的軟體開發工程師和各部門的經理人員經常是憑著個人的主觀來決定產品的功能，但是常有些時候，他們決定的功能卻不是客戶所需要的，要不然就是用戶很難掌握使用的方法，後來，經過多年的經驗和改革後，微軟公司開始逐漸改變公司內部的政策，採用現行的辦法，換句話說，就是根據用戶的使用活動上的需要，安排產品研制的過程，同時在這過程中，決定產品的功能以及開發的次序先後。

這種根據使用活動的需要然後安排生產次序先後的辦法，主要是以直接寫信的方式，或是作預算計劃的辦法，對用戶的活動作系統性的調查和研究，然後再逐條分析對照產品的功能，看看那些產品符合客戶的需要，產品使用的頻率是否達到預定的標準等等，這種辦法用在決定生產產品之前，可說是最合理的分析，主要的目的在配合用戶的需要。若是日後需要對產品作某種的修改，也是針對某種產品是否

有助於完成某種的功能而作決定，在這期間，同時必須注意的一點就是，產品的規格、說明務必清晰易懂，而市場推銷部、用戶培訓部和產品開發部之間的合作也必須更為密切。

根據使用客戶的需要，決定產品功能的取捨和開發的先後次序，在基本理念上，就是根據用戶活動的記錄，決定產品使用次數的多寡。微軟公司的分部經理以及產品策畫小組通常將一項產品的功能分成二十項，然後分條比較對照微軟公司已經存在的產品功能，而且也必須與競爭對手的產品作詳細的分析和比較，他們還要時常參考用戶的檔案資料，因為不同層次的用戶，他們在使用上的需要也不完全相同，另外他們也經常從市場聯銷的管道提取客戶的資料。這樣的方式能夠幫助開發工程師在研制新產品的時候，較能集中精力，根據客戶的需要，發揮軟體開發工程師的創造力。

收集用戶的活動數據資料，主要是根據用戶的活動而作的規劃決策，一般而言，並不包括產品性能的資料。在開發任何新產品之前，首先必須注意的是用戶的使用活動數據，其次才是產品的功能。產品策畫人員或是市場的推銷員並不是憑空想像自己喜歡什麼產品，就隨意開發什麼產品，而是要先了解用戶的需要，然後選擇有助於這類活動的產品功能，以此作為研究開發產品的核心，然後在進行設想和規劃。

另外，微軟公司主張集中精力，提倡有利於整體產品的方法，根據用戶的需要然後決定設計軟體的功能，這種新辦法是在一九九一年才開始實行的，例如當初在設計「卓越」4.0產品的時候，就是採用這樣的設計規劃方式，到後來推出「卓越」5.0和其他產品的時候，微軟公司也採用了類似的辦法，當公司在決定生產這些之前，主要是根據用戶的要求和

調查的結果設計而成的，結果證明十分成功，成爲微軟公司最暢銷的軟體產品之一。

　　爲了支持以用戶活動作爲計劃安排的市場研究，微軟公司的市場部門經理、分部項目經理、和產品開發工程師經常聯合進行用戶調查研究，他們直接與客戶聯繫，探討市場上的需要，不過主要從事這方面活動的，還是以市場經理爲主，其他爲輔。至於對於團體用戶活動的調查研究，也是採取類似的辦法進行，只是在內容方面包括了一整套有關的原則、實踐和工作態度的問題，要比按用戶活動的調查工作更進一步。

產品的標準與模式

　　微軟公司設計產品的一個基本概念，就是以產品的基礎結構來決定設計的方式，尤其是使用期較短的應用軟體在基礎結構上應該是呈水平面的模式，而非從上而下的層次結構。當公司最初成立的時候，軟體開發小組的設計工程師就是採取從上而下的層次結構而設計出原始版本的架構，後來他們開始改變方針，逐漸轉向有利於市場競爭的水平方法，根據產品項目的需要，常會增減某些產品的功能，並在一段長時間內，逐步改進軟體的功能和使用的方式，例如從文字逐漸轉向圖像化，同時微軟公司也盡量使各項產品的功能保持一致。

　　產品的每一項功能，就像是建築高樓大廈的一磚一瓦，特別對於應用軟體客戶而言更是重要，雖然每項功能都是相對獨立的單位，但實際上這些獨立的單位就像是建築物的一

磚一石，是一塊都不可或缺的。通常軟體的功能包括打印、自動選項、加數運算、或是專為某一電腦製造商的硬體設備設計的功能等等，這些在軟體功能的系統中，是不太容易為使用者所查覺的。

產品的建築結構，主要是為實現各項功能而設計的內部框架，因此產品的建築結構就是指產品的內部框架，這個框架確定了各個主要成分的結構，以及各個成分之間如何相互運作，產品結構及連結成為一體的程式是產品的主要骨架，由於這些結構和程式的相互配合，實現了產品的各種功能。一般而言，用戶通常是查覺不到產品的結構，但是他們對產品直接發揮出來的功能卻有直接的感受，產品結構同時也是決定其長期整體性的框架，任何功能方面的變化，都不會打亂整個產品的主要結構。

至於產品結構的層次，則主要是以各個水平層面來描述產品的結構，以及各個層面之間的相互運作的關係，軟體開發公司通常將最低下的一層稱作整個系統的「育種室」，而最高的一層則是電腦用戶很容易查覺和看到的功能和特性。在某些情況下，在頂層以下的一些特點用戶也可能看得見，就以微軟公司暢銷的軟體「卓越」的結構為例，每一個層面都有一個專門為該層功能作定義的應用程式，另外以「視窗九五」的結構也具有類似的特色，但是採取的是應用層面較廣的產品層面，這些層面事實上就是一台台獨立運作的機器，每種軟體在機器上運作，其間具有一定的保護空間，因此內部儲存的資料數據就不至於與其他的軟體混淆，而影響到內部的正常操作，微軟公司所有的視窗軟體，在整個內部系統而言，都是機器運轉的一個層面。

在產品的整體結構中，除了主要的層面結構外，還有次要的層面結構，具有脈絡清晰的不同的功能和作用。而在產品的規模大小方面，微軟公司和其他的軟體公司一樣，他們的產品開發工程師對研制產品的規格大小都十分清楚，特別是在生產新版本的時候，往往會增加不少新的功能和構圖能力，因此該軟體的執行文檔及程序數碼也就會越來越複雜。

由於微軟公司的產品越來越多，功能也越趨複雜，因此微軟公司的每一名雇員都可說是某一項目的專家，而公司內部的管理階層也經常鼓勵雇員鑽研精通某一部份程序，因此當研制小組要開始編寫軟體程序，或是決定設計軟體結構時，往往是集合全公司內部的專業人員集體商議，例如在研制「視窗NT」時，其中設計的功能就達數百種，而參與的工程師除了開發小組的固定人員外，還包括為數不少，具有特長的專業人員，而這些人員也都具有特別發言權。

就如其他所有的軟體開發公司一樣，微軟公司的軟體開發工程師不但個個經驗豐富，而且技術過人，他們管理階層的經理人員也是知人善任，總是將最困難的任務分配給最有才幹的工程師，不過在一般的情況下，他們只有在產品重要的關鍵上才作出決定，例如是要維持產品的現狀或是要修改內容等，這類重大的問題，才由這些專家出面解決。

配合未來市場的走向

在微軟公司眾多的產品中，具有活動性的產品將成為未來產品的主流，例如活動性的地圖便是具有特色的產品之一，過去數年來，蓋茲透過屬下的一個小公司收購了數以千

計的電影記錄片、藝術影片和千萬張以上的歷史圖片，包括貝特曼的檔案圖片，約有一千一百五十萬張的當代歷史圖片，這些影片和圖片是用來作「影像圖書館」的基本收藏，微軟公司先將這些收購的檔案圖片、藝術作品和歷史文件，轉變成電腦數據訊號，而以數據科技儲存的影像，可以透過電腦磁碟或是電腦網路的方式出現在使用者的螢光幕上，以活動的圖像或是電影、電視的方式介紹各種主題，有時還可配合當地、當時的音樂、語言，這種活動的圖像將代替了過去以平面的圖片作為學習地理、文物等的工具。

在收購貝特曼檔案之前，蓋茲屬下的可比思（Corbis）公司已經擁有五十萬個影像的電子版權，包括倫敦國家畫廊、美國費城博物館、八恩司基金會的藝術品和許多著名攝影師的作品。估計全球目前使用檔案照片的一年營業總額約為五億美元左右，隨著越來越多的客戶使用電腦線網路，微軟公司希望以更低廉的價格供應更廣大的市場，每使用一張圖像，只要向客戶收幾分錢，累積起來就可為公司帶來一筆可觀的收入。

為了配合軟體的生動性，微軟公司的產品也很注意音樂的配合，公司內部聘有專門的音樂技術人員，專門為電腦軟體配製音樂，因此使微軟公司生產的軟體，其中尤以家庭使用的軟體為主，成為軟體市場最受歡迎、也最暢銷的產品。

從微軟公司的整體結構來看，他們的消費部門是公司成長最快的部門，家庭使用的個人電腦目前全美約有兩千三百萬台，消費市場龐大，是一個每年銷售量約達二十億美元的市場，成為電腦軟體開發商競相爭奪的場所，但是軟體開發商在成長開發的過程中，許多小公司常常無法與大公司相競

爭，不是少不敵衆就是寡不勝衆，因此小的軟體開發公司若是要求生存，除非他們開發的產品具有某種的特殊性，在市場上銷售的情形特別好，要不然，常常不是被微軟公司兼併就是被微軟公司打敗，根本難以生存。

微軟公司由於具有龐大的資金，敢下賭注，敢用才幹，能夠標新立異，出奇制勝，因此微軟公司自從將注意力集中在家庭使用的軟體後，不到三、四年的時間，就已經攀上家庭用電腦軟體領先的地位，六年前，微軟公司僅有五、六種家庭用軟體，到了一九九五年的年底，微軟公司共推出了二十種家庭使用的新產品，預計到九六年七月時，家庭用軟體總數將達六十五種到七十種之間，其中除了以兒童教育爲主題的題材外，微軟公司還增加了些武打性的遊戲節目，試圖與任天堂的電子遊戲天下一爭長短。

目前微軟公司生產的電腦軟體可分爲下列數種：

- 家庭會計
- 家庭企業計劃
- 桌上出版業
- 繪製圖表和視覺藝術
- 訊息交流與遙控
- 電話索引和地圖
- 音樂與電影
- 房屋設計與室內佈置
- 烹飪與縫紉
- 運動與娛樂
- 電子遊戲

· 兒童教育

微軟公司為了配合消費市場的快速成長,他們在一九九五年增聘了兩百位的技術人員,對於該行業特別傑出的技術人員,微軟公司還設法從其他的大公司挖角,如迪斯耐公司的卡通製作人才,目前該部門的工作人員已達九百餘人,預計在未來的一年半內,將續聘三百人左右。同時微軟公司為了準備活動軟體市場快速成長的需要,除了增聘專才外,還增設了一間數據化的錄音室和一間「兒童教室」,提供兒童快樂午餐,讓兒童自由來去,測試兒童對新開發軟體的喜愛性和使用性。

另外微軟公司為了配合美國家庭用電腦軟體每年高達百分之二十三的成長率,他們最近訂定發展的策略如下:

· 尋求新伙伴,與有基礎的學術出版商建立新的合資合作關係,利用他們已經打入市場的成功產品。
· 開創新事業,例如一九九五年蓋茲投資三千萬美元與好萊塢大導演史提夫·史比爾伯茲合組「美夢工作室」,製作互動影視節目。
· 購買科技或是資訊,就以極為賣座的電影「侏羅紀公園」為例,當時創作這部電影的製作公司已為微軟公司所收買,現為微軟公司屬下的一部份。
· 以家庭主婦為對象,生產以兒童教育為主的軟體產品,先打動主婦的心,以後就比較容易推銷他們的產品。
· 從別的大公司挖角,以高薪聘用一些知名的人士,以新產品打入新市場,如電影界的名導演和名編審等,建立新產品的新市場。

・探索新的電腦網路系統，雖然微軟公司在這方面的起步稍遲，但是近年來，投下大筆資金以及人力與物力的結果，他們公司的產品已經能與其他公司的產品相抗衡。

微軟公司能夠在很短的時間內發展成為世界軟體業的霸主，其主要成功的原因之一就是微軟公司能夠認清市場的走勢，另外他們在軟體價格的訂定上也很合理，在家庭軟體激烈的競爭下，有些公司不得不以削價求生的方式來推銷產品，結果造成產品惡性競爭的現象，在家庭使用的軟體方面，有人曾經懷疑微軟公司是否會停止這方面產品的生產，而回到他們原來起家的電腦操縱系統、文字處理功能等軟體，根據蓋茲的看法，他認為這是絕不可能的，因為僅就這一部門，公司已經投資了好幾千萬的資金，何況微軟公司成功的祕訣之一是以數量和種類取勝，而不是以價錢取勝。

設定工作進度的經營策略

微軟公司的工作人員在執行小範圍的任務時，往往是依賴個人對工作的責任感，而微軟公司在開發某一項產品之前，也常常將人力和物力先固定下來，按照計劃逐步開發。但是要預測產品開發和上市的時間表，有時候是一件很困難的事，特別是在進行軟體的開發和研究上更是如此，主要的原因是，影響產品進展的因素很多，有時候很難事先預測到。微軟公司在處理這個問題上採取的辦法是，以分工的方式分層負責，由軟體開發工程師和測試工程師來負責，這樣做的

目的是使每一個參與的工程師具有責任感，讓他們感到他們個人的重要性，牽一髮而能攪動全局。通常在研制軟體產品之前，特別是應用軟體方面，由參與的所有工程人員先訂定一個預定完成的日期，然後所有參與的人員務必朝著這個目標完成。

在這情況下，開發工程師必須負責自己的進度，在過去十年內，微軟公司在訂定研制產品進度表的辦法是：讓編寫功能程序的工程師自己先估算完成該項目所需的時間，而不是由部門經理告訴開發工程師必須在什麼時候完成任務。今天在美國、日本和歐洲的一些國家內，一些大企業的主管都是採取類似微軟公司的方式定訂時間表，由負責人員自行預估時間表，而且通常是經過大家一致的討論，並且參考以前類似的項目的統計資料而做最後的決定。

蓋茲的經營管理哲學之一就是強調個人的重要性，由負責人自己來掌握進度，完成目標。

但是詳細的項目如何預先訂定一個可行的目標，這也不是一間很容易的事，根據微軟公司過去的經驗，他們採取另一個控制進度的辦法就是以實際的情況，審慎的態度訂定進度表，避免低估所需的時間，例如在八十年代開始開發「視窗」軟體、「文字」軟體和其他軟體的時候，就是採取這樣的策略，當時公司要求所有參與的工程師拿出進行某項具體工作所花費的時間，而時間的劃分並不是以天為基準，他們還可以更詳細地劃分成半天或是以每四小時為基準。

當每位參與的工作人員預估完成某項工作所需的實際進度時，他們在心理上都已經做好充分自行控制時間的準備，隨著軟體項目的擴大和複雜化，微軟公司也將內部劃分成若

干的產品部門和工作小組，管理階層的工程師將制訂時間進度表的工作分別交給實際參與的工程師，這樣的作法，除了使每名工作人員和工作小組產生一種責任感外，更重要的一個功能則是使各個工作小組之間產生互相監督的作用，特別是工作小組的小組長更要掌握該組的工作進度，務必在預定的時間內完成工作，不然的話，管理階層的主管人員就可行使權力，重新分配工作和職責，這一制度可使管理階層的主管以分層負責的方式完成工作，達到目標，而不必事事親自處理。

當預定時間表的工作完成後，下一個步驟就是預定產品出廠的日期，採取分別負責的制度固然有它的好處，但是也會出現一些困擾的問題，就以開發「卓越」軟體為例，當初在開發的過程中，由於個人的工作進度不同，造成時間進度的混亂，因此帶來了相當大的麻煩和困擾，根據當時一位研制小組的組長表示，開發軟體最大的困難就是很難訂定每一個工作人員的時間進度，有人快，有人比較慢，很難在速度上採取同調的步伐，同時在摸索開發的過程中，也常常會出現浪費時間的現象，過去一項只需要花兩年功夫就可以完成的產品，結果拖了八年才完成，造成這個問題的根本原因是，在開始研制這個項目之前，並沒有嚴格遵守訂下的時間表，結果造成無限的延期，同時在研制的過程中，也沒有訂下一個質量表的標準，這樣一來，產品就可能發生各種各樣的缺點，當軟體工程師一方面花時間在尋找解決辦法的同時，一方面又有新的問題出現，如此常常自顧不暇，導致何時能夠準確完成產品的開發工作，就很難確知了。

微軟公司為了補救這個缺點，公司決定在開發任何新產

品之前，都必須先強調工作的效率和遵守時間的重要性，解決的辦法之一就是先訂下產品上市的日期，或是在公司內部先訂下一個目標，因此在編寫新軟體或是改進舊版本的時候，每一參與的工程師都會從中感到一股壓力，這股壓力的存在造成精力的集中，進而按期完成預定的工作。

四、產品標準化與規格化的策略

　　微軟公司在開發和推出新產品前，他們一般所採取的經營策略是工作的多元化，常常是幾件策劃案件齊頭並進，同時處理好幾件問題，這種經營策劃的策略可大致分成五個原則：

- 各組並行工作，每天處理出現的問題
- 常備有理論上成熟的產品，並有適用於各個市場和層面的版本
- 在同一產品的研製地點，使用同一種語言
- 一面研製產品，一面進行測試
- 使用共同制定的數目，來衡量產品完成的目標和進度

　　上述的五項簡單原則是公司經營產品開發策略的一個大綱，但是這五個原則並不是一成不變的，其中很多步驟都有逐漸演化的可能性，可以隨著市場的變化隨時調整。這些策略其實也不是微軟公司獨創的，為了能夠促進各項工作能夠同步進行，有很多其他的軟體開發公司也都採取類似的辦法，甚至採取更先進的軟體開發技術，但是微軟公司在經營管理方面，他們的過人之處是在徹底實行這些原則方面，他們在產品的開發，是以廣大的消費市場為基礎，他們行銷的策略是緊緊地追趕產品功能的進步，微軟公司的員工繼承公

司一貫的傳統，也就是面向不同層面的客戶，以高速度推出
價廉物美的大量軟體產品。

有許多軟體項目在研發的過程中，由於已經有了上項的
原則作爲發展的軌道，因此在研發的過程中，能夠迅速解決
一些問題，而且在時間緊迫的日程表下，也留有足夠讓產品
功能走向優化發展的空間，不過其中最重要的原則之一，就
是賴以實現同步程序的方法和工具，微軟公司利用這一方
法，處理各種大大小小的產品項目，好處是可以保持小組交
流溝通的靈活性。

微軟公司開發產品的哲學是，如果軟體開發工程師能夠
在編寫程序的同時，也能致力於產品的穩定性，這樣就能夠
使產品開發理論逐漸成熟，而隨時可以提供客戶各種產品。

編寫數碼的程序

當各小組同時進行工作時，工作人員每天堅持一個原則
是：在編寫新程序數碼的同時，還能夠不斷地找出其中的毛
病並加以糾正。一般他們日常編寫數碼的程序是：

1. 從中心數碼版本中，查看並檢查個人的數碼版。
2. 改寫軟體功能，在私人數碼原始文檔當中，增減或修
   改各項功能。
3. 建立一個內部參考版，利用個人的數碼原始文檔，建
   立起一個內部版本，其中包括含有各項經過修改的新
   內容。
4. 測試內部版，通過對內部版的測試，證實新修改的部

份能夠正常操作。

5. 同步修正，將私人版本中經過修正的文檔，與中心版本中的原始文檔相互比較，以保證兩者之間的一致性。

6. 合併經過修改的數碼，將私人版的原始文檔隨時修定更新，使其包括開發工程師本人所作的修改，以及其他工程師修改的內容。

7. 建立內部參考版，用合併起來的，已經加入修正內容的私人原始數碼文檔，建立一個內部檔案。

8. 對內部參考版進行測試，目的是為了證實修改的部份可以正常操作。

9. 執行快速測試，在開發工程師的私人版本上進行一向快速的自動測試，檢查產品的基本功能，是否因為在原始文檔作過修正而受到影響。

10. 將私人原始文檔輸入中心版內，如果上述的第8、9項都進行得順利的話，開發工程師就可將他的文檔輸到中心版內。

11. 記錄每天編寫完的指令，每天在輸入截止時間過後，例如每天下午兩點鐘是截止時間，每天下午兩點鐘一過，就由一名指定為「編程主管」的工程師，使用中心版本發出的一個完成產品編寫的指令。

    執行每日編寫完成的制度，可以從各分部項目的各組工作中直接取得工作進展的意見反饋，達到工作相互協調的一致目標。同時每天完成編寫程式的制度可以保證每位工作成員的整體性，並為整體的工作提供了一個總體的監督系統，

以保證微軟公司軟體產品質量的可靠性。

堅持的理念和原則

在這每天編寫數碼的過程中，工作人員每天遵守一般的原則有：

㈠堅持每日綜合產品的作法

上文強調執行每日完成編程的制度，可以讓產品保持其穩定性，微軟公司開發軟體的基本原則是希望軟體開發工程師能經常綜合、討論，使原始文檔更為完善。

㈡不可引起編程中斷

軟體開發工程師必須時時注意加進數碼的準確性，尤其是有任何變動時，這些改變的內容不得與產品的兼容性發生衝突，而引起程序的中斷。

㈢盡量降低耗費編寫程序的時間

在進行綜合、併入和加進新程序時，軟體開發工程師使用的電腦都是在滿載的狀態下運轉，因此他們實際上並不能同時進行必須同時使用這台電腦的工作，為了減少耗費其中的時間，軟體開發工程師都是以最快的速度執行這幾個步驟，特別是到了產品將完成的階段，更是不能拖延，因為測試人員同時也在修正缺點。

㈣公開登記加入的步驟

在開發視窗NT3.0版本的時候，其中加入的一些修正文檔，其數量可驚，有時可達八百個之多，其中有一些是簡單的名稱改換，或是增刪項目等，像這類的改變手續較簡單，但是有時候也常常發生加入小規模文檔的情況，在這情況下，其內容足以影響整個的產品作業，該研制小組在不得已的情況下，只好增加了一個額外的流程步驟，就是任何開發工程師在加入原始數碼文檔之前，必須到一個公告欄上標示打算加入或是修改的文檔，因為任何增加或是修改的內容都可能引起產品兼容性的改變，或是影響其他數碼文檔，增加了這一流程，其他的工程師就能夠事先做好準備，而不致產生重複或是衝突的現象。公告之後，這位發佈公告的工程師就會接到編程主管人員的電話或通知，表示可以加入或是修改文檔，但是在進行之前，還要經過一道手續，就是以電子郵件與主管單位聯繫，說明將要改變的數碼會影響那些部份的內容，需要作何種相應的改變等，這一步驟同時可以使其他的相關的工作人員做好準備，增加工作之間的協調性，並降低中斷程序的可能性。

㈤完成編寫的週期

這一週期通常視不同的項目需要而作決定，而且必須配合完成某項編程工作所需的時間而作決定。

微軟公司的工作人員在一般的情況下，都能秉持上述的理念和原則，如其完成預定的工作，許多軟體開發工程師因為無法在上班的時間內做完當日應該完成的工作，因此常常

在下班後仍舊埋頭苦幹，有時到深夜才拖著疲倦的身子回家。

開發適於市場各層面的產品

微軟公司堅持每天執行完成編寫程式的主要優點之一，就是使產品的質量既能保持穩定性，而產品功能的特徵在開發的過程中，又能夠不斷的改進，增加新的內容，從整體上，對於個別的產品加以整理和合併，在這同時，公司的測試人員也開始進行對產品的性能測驗工作，使產品的品質更臻於完善，保證產品隨時能夠達到或是接近上市時的標準，這時候，凡是參加的工作人員都必須注意的事項有：

㈠了解自己所處的地位

以漸近方式逐漸實現目標，同時每日完成編寫程序的規定，使微軟公司的各個生產小組可以在研制產品的過程中，緊跟著每一個進展流程，使整個產品的生產過程更容易讓人一目了然，同時也較容易預測未來產品的趨向和走勢。在這樣的一個產品發展過程中，每一位開發工程師都能夠很清楚地看清自己所處的地位，了解距離完成編寫某種軟體功能的目標還有多遠。

㈡「培植」而非設計軟體

微軟公司研製產品時，並不是事先設計出一套完整的規格和程式，而是在工作的過程中，採取試製樣品，讓內部和外部的客戶試著使用，若是發現問題，則立刻尋找解決問題

的方法，而在編寫軟體的新版本時，就是以新的內容取代舊的成份。軟體開發工程師一般將這種通過試製各個單獨的產品功能，以有系統的，全面的方式，實現、改變整個軟體功能的方式，根據微軟公司自己的說法，他們是「培植」一種軟體產品。

(三)半期數碼壽命

微軟公司有不少開發工程師指出，由於生產小組不斷地重寫軟體，因此沒有必要在某個數碼上鑽牛角尖，根據統計，微軟公司一個軟體壽命的一半約為十八個月，也就是說，在這段時間內，已經有超過半數以上的數碼被改寫過，微軟公司通常在十二個到二十四個月內就推出一個新版本，這個壽命半期的概念代表的是，在每個新版本推出之前，就起碼有一半的數碼重新寫過了。由於產品推陳出新的週期太快，產品在短短的兩年內就變得過時了，因此，沒有必要在某個細節上花太多的功夫，若想寫出一些歷久不變的程式，這種想法是不切實際的。

(四)任何改變，除非能夠證明足以帶來好處，否則不輕
　易改變

在許多年的開發過程中，微軟公司終於了解到，不隨便採取變更數碼的意見，如果變更數碼僅能帶來一些好處，但是卻引起軟體彼此不相容的問題時，微軟公司採取的方式是：「一動不如一靜」。就以「視窗」應用軟體為例，它的主題是要讓這些軟體適合在視窗的環境下運作，而不是要改變視窗本身的功能，除非這些改變能夠帶來更多的利益，而

利益又遠超過其麻煩的地方，否則不輕易採取改變的意見。

(五)重寫數碼「要付出百分之二十的稅率」

在開發軟體過程中，另外一個應具備的概念是，投資在重寫數碼，這在微軟公司內部幾乎已成一個不成文的規定，就是軟體開發的經理經常要求他們的工程師用百分之二十的時間，對產品薄弱的環節進行改寫修正，堅持這樣做得原因就是，經過若干個版本之後，產品的質量就自然能夠提高，否則產品在激烈的競爭下，除了無法滿足客戶對產品功能的要求外，而且很可能遭受市場的淘汰。

(六)同時編寫多種軟體版本

微軟公司為了保持市場長久的競爭力，就必須在推出某種軟體時，同時備有適用於各種電腦硬體、能夠為世界上各種不同市場層面接受的版本，因此在產品推出之前，所有為不同的電腦硬體和控制系統設計編寫的電腦程式，必須充分利用各種共同數碼，務必充分節省人力和物力，同時必須通過各種測試，才能推出產品。

(七)推出適用於各種不同電腦硬體和市場層面的產品

這樣做得優點是，在新產品上市的極短的時間內，就能夠推出不同的版本，使採用各種不同電腦系統和語言文字的客戶都能夠選用採購這項新產品，微軟公司在這方面的目標是，評估各版本上市的時間以不超過三十天為限，也就是說，在產品上市的三十天內，產品的銷售量對市場推銷是否成功

至關重要，因為在一般的情況下，海內、外的客戶或是使用其他電腦的客戶，一旦聽到有新版本上市，立刻對舊版本就缺乏興趣，而不再問津舊版本了，比方「卓越」和「文字」等軟體，許多用戶都因為等待新開發的視窗版上市，而對這些軟體不再感興趣了。

工作人員工作的態度和遵守的信念，直接影響產品的成敗，而產品的成敗又直接關係公司業務的成敗，微軟公司能在短短的二十年內，打敗其他的軟體生產公司，獨領軟體業的風光，這與公司工作人員的工作態度有著密切的關係。

固定產品開發地

微軟公司開發產品的研製產地，和公司的總部就在西雅圖市的近郊，為了使公司各部門和研製小組之間的溝通更密切，公司採取的原則是：開發任何產品必須採用同一種電腦語言，換句話說，就是採用同一的語言、工具和慣例。在這樣的規定下，微軟公司的軟體開發工程師不論遇到什麼問題，都能夠立刻溝通，立刻解決，以最有效率的方式處理問題。他們就產品開發相持的信念是：

(一)在同一個場地進行開發、測試的工作

微軟公司堅持的一個原則就是在公司內部開發所有的產品，這個傳統一直到今天仍是奉行不變，多年來，只有極少數的例外，例如日文版的視窗原來是在日本開發的，但是後來也還是遷回美國公司的總部，另外還有一些應用的軟體版本和工具，最初也是在別的地方開始的，後來也都遷回公司

的總部，其中的原因是因為這些產品原來都是先由別的公司先發起，然後由微軟公司接收。

(二)採用C編程語言

微軟公司編寫的產品項目，使用的均為C語言，另外也用一些數量有限的C＋＋語言和組裝語言，很多軟體公司在編寫商用軟體產品時，使用C語言，因為這種語言既適用於不同的電腦硬體，而且運行效率高，又有相當大的靈活性，這種語言本身可獨立於硬體之外，但是它所用的系統功能（稱做圖書館），特別是與用戶接觸的圖書館，卻要有某些硬體系統的限制。

(三)「匈牙利」命名慣例

微軟公司的多種應用軟體，也有一些系統軟體，使用的是「匈牙利」命名法，這種命名法事實上與匈牙利語言無關，只是因為發明這套系統的工程師是在匈牙利出生的，所謂命名法，就是編寫軟體程序的工程師在製作原始數碼時，使用的有關次序和變化的一種明顯的式樣或風格。這樣當其他的工程師在修改或是再使用這些數碼時，就能夠很容易讀懂並理解其中的含義。

(四)使用統一的項目輔助工具

微軟公司的工程師能夠密切保持聯繫的另外一個原因，就是在管理和開發產品的時候，使用統一的一套輔助工具，這些工具有許多是可以在市場上買到的，其他的一些工具則是專門為內部的使用而設計的，所有的輔助工具都是微軟公

司自己生產的產品。

(五)瞭解產品最基本一層的數碼

微軟公司內部大部份的軟體開發工程師還有一個共通處，就是能夠透徹地瞭解產品最基本的結構原理，雖然每種產品並不是都能夠用得上共同的數碼，特別是在視窗或是麥金塔版本上使用同一數碼，就等於他們要先將視窗數碼做出來，而不再爲另一個系統編寫最低一層的數碼了，總而言之，瞭解基礎數碼是十分重要的，因爲只有這樣做，才能彌補編排工具上的不足之處，軟體開發工程師才能寫出高效率的數碼。

微軟公司的軟體開發工程師在工作的過程中，總是在同一辦公室，採取同樣的電腦語言編寫、操作、試驗，他們在工作成績上高超的效率，與信守公司的原則具有不可分離的關係。

目前唯一的例外，是《美國商業週刊》所謂的「微軟五千里長征」的中文簡體字開發工作，當初微軟公司在一九九二年在北京設立辦事處的時候，他們原來計劃將微軟公司在台灣發展的正體中文字改良爲簡體字就成，按照公司的慣例，認爲生產任何產品的方向，應取決於市場的需求，而不必專爲某一個市場考慮特殊的軟體生產方式，但是由於中共「電子工業部」的強力反對，反對依附在台灣的電腦科技之下，同時該部並堅持微軟公司應爲中國大陸的設計專用的軟體代碼，在這樣的要求下，蓋茲終於接受中共主席江澤民的建議，將部份的工作人員暫時留在北京，與中共的科技人員共同合作，研發中文簡體字的軟體和其他家庭用的軟體，以

期獨霸中國大陸的軟體市場。

同時進行產品的測試工作

微軟公司採取了數項有關產品測試的原則，主要的目的是在協助各個生產小組在編寫數碼的同時，也能夠不斷進行測試，這也是微軟公司在經營管理方面與其它公司不同的地方，多半的軟體開發公司都是在產品開發的末期才開始進行測試程序，但是到了這個時候，如果發現有問題，要補救起來既麻煩又費時間，而微軟公司堅持的原則之一就是在開發產品的時候，同時進行產品的測試工作，他們進行測試的方式有：

㈠快速測試

軟體開發工程師每日能夠完成編寫程序工作，而且能夠提高工作效率的一個重要方式，就是執行一系列的高度自動化測試工作，這也稱為快速測試。通常在軟體開發工程師採用一項新的功能，但尚未編入總數碼文檔之前，通常要做出一個產品樣本，然後以此進行快速測驗，目的是要保證在加入新的功能後，產品本身仍然能夠正常操作。

㈡測試中的協調關係

由於測試和產品開發必須同時進行，測試人員因此也需與開發工程師並肩工作，不過為了保證測試工作的獨立性，按照微軟公司的規定，測試組必須與產品開發小組分開來。

(三)檢查數碼中的缺陷

在前章已經提過，在產品開發的過程中，通常會同時編寫好幾套版本，這其中也包括一些專門用來試驗檢查數碼缺陷的版本，開發工程師會在版本裡面加入查找問題的數碼，但是當產品上市後，出售的產品不帶這類額外的數碼。

(四)複查數碼

在執行產品新功能之前，微軟公司的生產組會挪出一部份時間進行周密的、正式的設計複查工作，設計工程師希望在這一階段內，能夠找出遺漏的數碼，或是前後不一致的地方，若有任何差錯，可以立刻改正，而不是等到最後一刻才做修改。通常而言，由於微軟公司的工程師習慣在編寫數碼之前，僅勾畫出產品功能的大綱，因此在複查時也不會太深入全面地審核設計，而且在產品開發的過程中，經常會有一些臨時性的改變，因此一般來說，沒有必要在這個時候做太深入的複查工作。

(五)複查版本和測試文件

前面曾經提及項目工作小組定期為測試人員提供一些試驗版專供測試人員測試之用，在這情形下，測試人員會在數據庫中記錄下查找出來的問題，然後分部經理就可以應用這些資料，檢查產品的進展了。工作組在項目進行的過程中，通常每週拿出一個試驗版，並附上一份試驗報告，以「卓越」軟體為例，通常其試驗版是在每週一的晚間寫出來，週二即可立刻使用。

(六)使用性能測驗

微軟公司在產品開發的階段,在正規的實驗室中對軟體功能進行性能測試的工作,這在軟體開發的過程中是一個相當重要的一個環節,這對保證產品的通俗性、簡易性、以及證實硬體性能的可行性是十分重要的。

(七)行業標準測驗

一般系統軟體應該具有較高水準的使用性能,例如反應時間、記憶及佔有儲存空間等,都要盡可能提高使用性能,在進行這方面的測試時,採用的標準是,產品經過多年的比較對照後,一致公認的最高標準。

(八)內部使用和自我鑑定

微軟公司不斷測試新產品的主要方法之一,就是每當產品編寫出來的時候,就盡量在公司內部日常使用,這是一個十分經濟可行的辦法,微軟公司每天有成千上萬的員工使用電腦,先讓公司內部的員工試用電腦軟體新產品,從中發現其中的缺點,一舉兩得,這一方法也通常可用於控制系統的產品。

(九)大規模測試

雖然上面列出了許多測試的辦法,但是由於微軟公司的產品包羅萬象,這些測試仍有可能疏忽、遺漏一些小節的問題,尤其是指令眾多、數據龐大、系統複雜的產品。

(十)比較測試技巧的效率

從微軟公司的產品報告書中，可以看出各種測試產品技巧的效率，例如在視窗ＮＴ版本3.0項目進行測試時，通過這一方法找出問題的比例最高，為百分之十五左右，這是以產品日常使用的方式測試出來的，而應用編程測試則居第二位，為百分之十二點八，這種測試方法在產品開發的早期十分有用，到了後期則逐漸式微，但是應用測試的情況則正好相反，特別是十六位元的應用測試，在開始的時候，其作用並不太明顯，到了後來卻越顯得重要，另外還有一些行之有效的辦法，查尋出來的問題也不少，如壓力測試佔百分之三點八，而且測試出來的問題都是屬於較嚴重的問題。

以上這十點充分表現了微軟公司測試產品的原則，在這樣周密的測試程序下，無怪乎微軟公司的產品能夠領先軟體產品的市場，並且能夠歷久而不衰。

衡量產品完成和推出的進度

正如上文討論測試產品效率的辦法一樣，微軟公司的研究項目，通常採用根據實際使用經驗總結出來的衡量方式以及數據資料，這種方式稱為格律法，以格律法測試產品以期更能夠瞭解產品，追蹤、並且設想產品的進展，他們一般工作的態度是：

㈠以統計產品錯誤的數據，來衡量產品是否達到了預定的質量標準

　　不符和設計規格的地方，就是電腦軟體的錯誤，在研究開發產品的過程中，出現一些錯誤是常有的現象，但是對產品錯誤的統計會直接影響產品總體的質量，因此軟體開發工程師在產品推出之前，就會盡量設法發現和解決其中的問題，在研究和測試時找到的錯誤越多，產品的質量得到改善的可能性也就越大。

㈡全力以赴，尋找和糾正產品錯誤的地方

　　當產品按照原來預定的目標編寫數碼完成，準備將產品推出上市之前，這對生產小組來說，是十分緊張的一段期間，他們既要按時運出產品，又要在最後一刻盡可能發現問題、解決問題。

㈢衡量產品功能編寫完成的進度和項目進展的表格

　　微軟公司內部專門設有好幾種用來衡量軟體開發項目進展的表格，例如評審「卓越」軟體的表格就有六頁，標題是「我做了以下的工作嗎？」這種表格將進度分成二十六個範圍，其中包括項目指令、打印與控制系統的關係等等，各部門的經理、開發工程師和測試人員以這張表格的問題為基礎，用來考察某一產品的功能是否達到預定的標準，另外還有一個表格是用來決定某種軟體產品是否已經合格，可以推出上市了。

㈣產品開發最後階段修改錯誤的準則

　　前文已經提過，在產品上市之前，凡是分部的經理、軟體開發工程師和測試人員都在日以繼夜地檢查數據，尋找錯誤，以期能夠達到盡善盡美的地步，但是在這些人當中，只有開發工程師有權執行修改的任務，同時他們每天也將經過改正的內容併入文檔之內。每天完成編寫的程序是保證產品質量的中心骨幹，否則作業次序就會大亂。

㈤市場是無情的

　　過去微軟公司因為曾經推出產品過於匆忙，而引起了一連串麻煩的教訓，後來他們經過一段時間的摸索，終於總結出一套辦法，就是利用對錯誤數據的統計，來衡量產品是否達到一定的標準，當然還有一些影響產品推出上市的其他因素，在這情況下，最後還是由分部經理出面決定，經過衡量得失在做最後的決定。

　　如果微軟公司的產品經過上面這麼嚴格的測試過程後，若是萬一某種產品在上市之後才發現裡面有些嚴重的錯誤，會影響到一些關鍵性的功能，在這情況下，微軟公司就不得不將產品從市面上召回，或者再發出一套修正版，這樣的情形並不多見，然而一旦發生，花費的人力和金錢都是相當可觀的。

五、推陳出新、以簡制勝的市場行銷策略

　　微軟公司以產品種類的繁多、價格的低廉和市場的廣大取勝，銷售他們產品的市場不僅在美國本土境內，而且已經擴及到世界上三十六個國家，每天全世界一億七千萬名個人電腦的用戶中，約有一億四千萬人在啓動電腦時，即可看到微軟公司產品的標誌，就僅「微軟視窗」一項軟體，全球大約就有七千萬名用戶在佈滿圖像的螢光幕上使用滑鼠啓動「微軟視窗」的各項功能，在軟體產品競爭日益激烈的市場上，微軟公司爲了能夠繼續保持競爭力，他們在市場行銷策略上採取了一系列相關的辦法，這些辦法包括：

- 不斷改善新產品，定期推陳出新
- 利用已經佔有市場比率的優勢地位，推出新產品和相關的軟體
- 集中、擴大和簡化產品，使產品容易爲消費市場所接受
- 及早進入日新月異的消費市場，以卓越的產品刺激銷售量，建立產品新標準
- 取得專利權，利用各種機會促銷，以銷售量刺激生產量，以保證公司產品在市場上的領導地位

　　雖然上面這幾點原則並不是微軟公司獨先創有的，但是

微軟公司能夠在數代產品更新的過程中，始終如一，徹底實行這些原則，實在難能可貴，這是其他大企業公司不及微軟公司的地方，也是微軟公司能夠雄據消費市場，歷久不衰的原因所在。

產品是否暢銷，並不在乎產品是誰發明的，最重要的關鍵是產品的品質、價格的定位和銷售的管道，例如日本幾家大的錄像機家庭電器公司，如新力、松下和東芝等大公司，都不是以發明公司的身份將產品打進市場，而是以市場開拓家的身份，以高品質的產品定下該產品在企業界內的標準，這些公司的產品在世界市場的銷售量可說佔盡了光彩，由於錄相機市場開拓的成功，連帶的，還打開了一個錄影帶附加產品的新市場。另外英代爾電腦公司在為他們的微機產品尋找出路的時候，也是採取類似的路線，打開他們在海內、外的市場。

微軟公司在推出MS-DOS系統和視窗產品的情形，十分類似日本電器公司推出錄相機、英代爾推出微機產品的情況，微軟公司借助電腦設備生產廠商的力量，使微軟公司的產品在市場上廣受承認，並使後來的電腦軟體生產商以微軟公司的產品作為軟體界的標準。

除了微軟公司的電腦軟體產品外，以高品質的產品在世界市場上稱雄的例子也屢見不鮮，例如美國的全錄公司曾經一度壟斷了世界上影印機、附屬產品和諮詢服務業的市場；國際商業機器公司控制了電腦和相關的硬體、控制系統、語言和開發的工具；RCA則稱霸彩色電視機和電視零件的市場，同時還享有各項的專利；日本的新力公司發明了八毫米的錄影機，而且在這方面和八毫米磁帶的銷售量，一直保持

市場領先的地位；日本任天堂電子遊戲機後來居上，獨占了電子遊戲的領域，其中包括硬體的市場和專利權；新力和飛利普則是錄音微型碟和電腦記憶體產品市場上的霸主。這些例證說明了一點，只要產品的品質卓越，產品的價格具有競爭力，市場行銷的管道策略配合得當，同時產品能夠設下生產業界的標準和規格，必能逐漸打開產品的知名度，將產品傾銷全世界，進而獨霸市場。

　　但是任何一種產品要設定一門行業的標準和規格並不是一件容易的事，這其中包括了兩項的挑戰：

　　1. 如何能夠在長期產品更新換代的過程中，始終保持產品的領先地位。

　　2. 如何透過產品打開新市場。

　　微軟公司自創立自今已有二十年的歷史，從整體來看，他仍然是一個新興的企業，微軟公司的產品在市場上取得領先的地位是在一九八八年開始的，他們的產品在電腦主要軟體工具和平臺技術方面（即語言和控制系統），從市場領先地位來看，已經保持了一代產品之久，特別是在文字和圖像軟體產品方面，更是舉世聞名，不過這也僅是在某些應用軟體方面，若是從整個軟體市場來看，還有更廣闊的市場等待去開拓，不過就微軟公司目前的成就來說，已屬難能可貴。

產品的重組與更新

　　微軟公司的產品能夠在很短的時間內，雄踞市場一方，長期保持領先的地位，這主要是因為公司的決策人員秉持下

列兩點原則：

1. 微軟公司不斷開發新產品，同時也不斷改進新產品，有時候在產品的研製上還有技術上的突破，同時在經常改良產品的基礎上，常有一些重大的革新計劃，甚至可以使某些產品完全更新換代。微軟公司的這一項策略使競爭對手很難有機會向微軟公司的產品挑戰，經過這些年來的積極發展，微軟公司已逐漸累積了豐富的經驗和雄厚的財力，使公司自己有能力不斷進行新科技的研究和開發，不斷改進產品，不斷尋求新技術，使產品更容易使用，而功能也更為完全和複雜。反觀許多大公司在產品打響知名度後，就沒有能力繼續創新了，微軟公司在這方面的行銷策略，則是其他公司所不及的。有許多例證可以就微軟公司在產品的組合和更新上做一簡單的說明：

- 微軟公司的MS-DOS加上視窗3.1的產品控制了整個軟體市場，不但在市場走紅，而且歷久不衰。這兩套系統具有以圖像和控制系統相結合的特徵，後來這套產品獨霸MS-DOS的市場，而使原來的DOS系統逐漸消失。
- 視窗九五和視窗NT是針對這些系統而寫的，自從推出之後，使原來的視窗3.1相形失色。
- 「基本視覺」軟體是專門為視窗軟體編寫的語言，使原來使用的基本語言更為簡化，更容易使用。
- 「辦公室」應用套件是針對一般辦公室所需的軟體重新配合組成的軟體，功能繁多，用法簡便，技術新穎，售價便宜，取代了許多其他單件的軟體。

‧微軟網路服務系統軟體出現後，使目前在市場走俏的
光碟多媒體產品變得陳舊失色。

以上的幾個例子，僅是用來證明微軟公司不斷以重組產
品的方式來更新產品的實證。微軟公司以價格底廉、直接推
銷以及配合批發管道等手段，達到大量銷售的目的，先在市
場上樹立新形象，然後公司的產品也逐漸確立了產業標準的
地位，但是要長期保持這一地位，公司就必須以上述的手段，
不斷地在產品方面翻陳出新，同時充分利用產業標準的影響
力，達到促銷的目的。

目前，一般的電腦生產業界一致公認微軟公司是MSD-
DOS和視窗配合使用軟體產品的權威之士，同時也是其他軟
體開發工具和硬體機件（如印表機、電腦螢光幕等）由微軟
公司軟體控制系統操作的最後認證公司，一位電腦專欄作家
曾在一九九四年在他的專欄中描述蓋茲和微軟公司的目標，
以及微軟公司在軟體業界的成就，他說：比爾‧蓋茲和他的
微軟公司可說最能夠更了解產業標準的含意，他們不僅在電
腦軟體生產行業方面，而且在進行產品的標準化方面均樹立
下了典範。微軟公司的成功，不在他們編寫的程式語言有多
好，而在他們樹立的標準有多高，例如視窗軟體，就這一項
產品就使比爾‧蓋茲成為億萬富翁，視窗軟體不僅是一套電
腦控制系統，而且還是一件軟體標準化的工具。

微軟公司的目標，不僅要不斷地增加市場的佔有率，更
重要的還是在努力創新產品，製造機會，加強與客戶軟體開
發商與微電腦製造商之間的聯繫，使他們在策略行動上、財
政上和技術上，全力支持微軟公司的控制系統產品，正是因

為這種關係的存在，使微軟公司的電腦軟體不僅成為一件普通化的產品，而且還為該項產業設下了標準，從某種意義上看，「標準」本身並不是一件產品，而是關係網路的成果，如果能夠將這種關係處理得好，就能夠維持住這種網路之間的關係。

從這段話來看，一個公司只要生產一種特別成功的產品，就表示能夠為消費大眾所接受，進而立下該行業界的標準，成為公司的搖錢樹。

通常一台個人電腦由四個部份組成：微電腦主機、控制系統、數據管理系統、圖像顯示系統，這些系統之間相互發生作用，發出或是接受的數據或是指令，在控制系統和硬體邏輯及記憶體之間運行，並且能夠在各種附屬機件和控制系統及應用軟體之間（如由軟體控制的印表機、螢光幕、鍵盤和滑鼠等）充份運作，同時由於用戶對電腦間容系統的要求，所以任何一家電腦生產商都不可以隨心所欲改變電腦的規格，由於微軟公司設定的軟體標準廣為消費大眾所也接受，因此也就一再地為電腦界所沿用了。

2. 微軟公司不斷將現有的產品統一化、規格化，更新內容或是簡化包裝，主要的目的是使原來分散單獨的產品重新組合，使產品的功能增加，在市場上更具有競爭力，不但能夠降低產品的價格，而且能夠增加產品的功能，更容易為消費者所接受。微軟公司以創新的精神，增加產品的競爭性，配合不同層次用戶的需要，確保產品在市場的領先地位。

重新組合散裝的產品，使成為一套整體容易使用的產品，這套方法事實上也不是微軟公司獨自發明的，就像前面

已經提過的一些錄影機的發明，生產的廠商後來將錄影機和電視機連成一體，並使錄影機在操作方面更容易使用；蘋果電腦公司在十年前就開始簡化麥金塔電腦的硬體和軟體，以後還不斷推出新產品和電腦網路聯線的產品；任天堂在電子遊戲的領域也不斷開發新產品，結合數項舊有的產品，使電子遊戲的功能更多，更為刺激，配合男女老幼不同消費者的嗜好；另外電話、有線電線和無線電話通訊公司也積極在尋求新的結合產品，擴張自己在市場的影響力。微軟公司在這方面的策略正如上述的這些公司一般，不過微軟公司在產品重新組合方面，做得更成功，更為市場所接受。

回顧電腦軟體市場，從七十年代開始到今天的九十年代中期，電腦軟體的開發層次如下：

- 第一個軟體產品的市場是電腦語言，也就是能夠使電腦硬體操作的程式
- 其次電腦界又推出了控制電腦的操作系統，也就是用於操作電腦的特殊程序
- 後來推出桌上電腦應用軟體，包括文字處理和製表用的軟體，種類繁多，功能複雜
- 目前最盛行的是聯線網路系統軟體，包括為大企業公司所採用的網路軟體和一般家庭使用的網路軟體

微軟公司並不是電腦基本語言或是DOS系統的首創公司，而製表和文字處理系統也是由別的公司先發明的，早在七十年代的時候，電腦主機和微型電腦，還有全錄公司的樣品個人電腦及明星工作站都已經發展出他們各自使用的軟體，但是這些公司卻無法將他們公司個別使用的這些軟體產

品，大規模的生產，大規模推出上市，雖然在七十年代晚期到八十年代初期的時候，研究開發個人電腦軟體的公司不乏其數，但是要等到國際商業機器公司的個人電腦和個人相容電腦大量上市後，微軟公司的產品才得天時地利，開始大展身手了。

網路市場是電腦軟體發展的前景

隨著時代的改變，微軟公司除了開發上述的產品外，他們目前也將精力集中在目前盛行的聯線網路系統產品，由於電腦操作的功能系統不斷地加強，預計這部份的軟體市場的需求量也將隨著大量增加，最早的網路連線系統是由一些大企業組織開始的，如跨國的大企業公司，或是大學和政府機關等，從一九六〇年代起，這些大企業組織就以連接數個電腦終端機的方式，使公司或是機關團體能夠使用連線的電腦，從不同的地點通達同一個數據庫，到了八十年代，市場上開始採用與電腦主機或是微型電腦相連的個人電腦，逐漸建立起連網系統，從目前發展的趨勢判斷，未來的公司企業界，甚或個人的家庭電腦，都會逐漸建立起有效的連網通訊系統，一般採用的方式是：不論是個人電腦或是工作站，通常是以一台主機作為交流控制的工具，然後再將數台接收資料的「客機」連接起來配合操作。

雖然企業連網電腦產品的市場還很新，但是深具開發的潛力，微軟公司目前正在積極地開發這方面的軟體市場，他們在一九九三年的八月第一次推出了視窗NT3.0的第一版，次年又推出改進版視窗NT3.5，這種新出的軟體產品主要是

配合企業連網系統的需要，不過必須採用具有相當記憶力庫存的電腦，才能發揮電腦軟體運作的功效，由於視窗軟體具有特殊的操作功能，上市之後，不但立刻吸引了大量的用戶，同時也為公司賺進大筆的收入。

從目前電腦發展的趨勢觀看，普通的一般家庭用戶至少需要數種軟體才能真正配合實際生活的需要，其中包括操作控制系統、連線網路通訊系統以及數種應用軟體等，微軟公司認為未來電腦軟體發展的前景有二：

1.電腦軟體公司正在不斷地增加各種層次產品的功能，因此使生產產品單一化的公司難以生存，微軟公司在產品方面採取多元化的措施，正是配合實際市場的需要，例如微軟公司在他們原來的視窗控制系統中加入了作初步數字計算和文字處理的功能，後來又加上一些基本的網路通訊功能，到了新上市的視窗九五這一代的時候，其連線網路功能則更為複雜，同時具有相當完整的數據庫管理、操作系統和連網通訊的功能。

2.為了使產品對個體客戶和公司企業更具有吸引力，個人電腦公司推出了多樣系統軟體、應用軟體和連網軟體，下面代表微軟公司九種不同層次的產品：

- 編寫軟體程式語言和其他開發工具，用於編寫軟體的產品
- 桌上操作系統，用於操作個人電腦應用軟體和其他軟體產品應用軟體
- 桌上應用軟體，用於進行各類的工作
- 企業開發及服務工具，用於建立個人電腦數據庫系統

的網路連網軟體

- 網路操作系統，用於將各單獨的電腦相連，並通過客戶服務功能，使用戶能從電腦網路中取得所需的資料
- 網路通訊項目，使各個電腦之間和編寫程式的電腦能夠互相交流信息
- 上線網路系統，使個人電腦通過電話線或是有線電視取得電子資料
- 上線網路和工具，以視窗為基礎，用於電腦網路上，建立和傳送信息及其他網路的產品
- 上線網路應用系統，通過微軟公司網路使用的軟體，如用於家庭理財的「金錢」軟體，可使電腦網路使用的客戶取得各種產品和服務的項目

　　微軟公司在軟體方面原來是以基本語言程序起家的，然後進入桌上電腦編寫控制系統的市場，最近，公司又為企業網路控制系統提出了一聯串的服務軟體項目，相信微軟公司在這方面的市場也將獨占鰲頭。

　　從收入而言，控制系統現佔微軟公司總收入的三分之一，桌上應用軟體及其他應用產品則佔總收入的百分之六十左右。到了九十年代的時候，第二類和第三類的產品在整個軟體行業中，佔了最大的市場百分比，而第七類和第九類的軟體產品一般公認是最具有發展的潛力，凡是生產這類產品的公司，可以向網路的用戶徵收服務費，而且還可通過電腦購物服務和諮詢服務收取服務費，由於用於辦公室的網路軟體仍有較大的需求量，第五和第六類產品的市場也正在擴大之中。

產品在市場上競爭的特色

微軟公司的產品不但具有多元化的特點，而且在市場行銷方面也具有獨特的風格，他們在產品競爭上的特點可歸納成四點：

1.微軟公司經常從一種產品市場主動轉移到另一個產品的市場，同時是結合兩種不同的產品和技術，以達到市場轉移的策略。例如微軟公司將MS-DOS與視窗系統連結，DOS應用軟體與MS-DOS聯合，辦公室應用軟體與視窗系統結合，視窗九五與微軟網路系統聯合等，以配合新市場的需要，另外微軟公司還與電腦硬體製造商和電腦軟體零售商互相結盟，通過正常的銷售管道促銷產品。

2.微軟公司以創新產品的標準，刺激消費者的購買欲和消費市場的行銷力，例如，MS-DOS原來是專門為國際商業機器公司兼容電腦所編寫的，為電腦硬體製造商打開了個人電腦的市場，後來因為個人電腦的普及，使價廉物美的個人電腦又為控制系統，和各式各樣的軟體打開更廣大的市場，另外微軟公司的視窗軟體也為自身的應用軟體市場打開了一片新天地，而「基本視覺」這項軟體原來是專門為個別各戶特別設計的，但是也因市場上的特別需要而賴以生存。

至於微軟的網路系統軟體，將來配合其他一系列的網上應用軟體，預料也將帶來無限光明的前景。微軟公司在軟體界樹立了新標準，為微軟公司的發展和成長帶來了無線的生機和為數可觀、製造財富的機會。

3.因為早期的軟體消費市場早已飽和，因此加速對市場的擴散，對微軟公司來說尤為重要。從整個軟體市場來看，除了少數幾種軟體外，個人電腦編程語言方面的市場可說相當的狹窄，不過其他應用軟體和網路軟體，在市場的發展方面，仍然具有相當的潛力，電腦客戶可以隨時在商店貨架上購買任何程式語言，因此若是自己編寫控制程序就顯得沒有必要，此外，桌上應用軟體如文字處理或是圖表等一類的軟體，都已經成為一般的商品，在這種情況下，電腦軟體開發公司包括微軟公司在內，就不得不另尋出路，例如微軟公司開始致力於開拓新式的應用軟體，包括辦公室內使用的軟體如連網產品，以及家庭電腦、多媒體排版、網上服務（資訊高速公路）等類的產品。

4.微軟公司目前正在積極地開發跨越層次的軟體產品，這種將各項產品集中、組合的作法，使軟體生產製造商在市場上更容易推銷產品，同時也更能吸收新客戶，此外增加原有產品的功能，讓用戶樂於繼續使用微軟公司的產品，而不想去選購其他商家的產品，例如微軟公司最近推出的視窗九五就比原來的視窗版本增加了許多新功能，而「辦公室」軟體新增加的功能則包括網路連線操作系統，在這種情形下，由於客戶已經習慣使用某一項產品，因此也就不願意再換新牌軟體了。

由上述四點原則來看，微軟公司知道如何適時改進產品，革新功能，拓展市場，把握住客戶的心理，因此能夠一再擴張公司的規模，使微軟公司在短短的二十年就能夠攀上電腦軟體產品龍首的地位。

市場數據指標

　　從各種市場調查的數據資料可以看出，微軟公司的產品在電腦軟體企業界所佔有的比例。從一九九三年到一九九五年間，桌上個人電腦的年銷量是四千萬台，微軟公司的控制系統佔了全部控制系統的百分之八十左右，其中以視窗和MS-DOS為最暢銷的產品，後者是軟體安裝的基礎，在全球一億七千萬台個人電腦中，就有一億四千萬台裝有MS-DOS系統，另外還有七千萬台裝有MS-DOS的電腦也同時使用微軟視窗。

　　雖然目前微軟公司已將MS-DOS合併於視窗九五的軟體中，而以MS-DOS為單獨軟體銷售的機會已不太大了，但是自一九八一年以來，MS-DOS這項軟體一直是微軟公司的一棵搖錢樹，多年以來，它占微軟公司產品銷售利潤的百分之二十五，獲得的利潤以幾十億美元計算，回想當初開發這項軟體的投資並不算大，而且也不需要太多的售後服務工作，因此在利潤的計算上就比較高，就以一九九四年公司的年收入為例，視窗軟體和MS-DOS共為微軟公司帶來了十億美元的收入，其中百分之八十是賣給康百克和貝爾電腦硬體製造商，另外，「辦公室」軟體套件及其他附屬的軟體產品共有三千萬名左右的用戶，產品銷售額達十七億，約佔軟體利潤收入的一半。

　　微軟公司在公司創立之初，他們的產品在市場佔有的比例並不高，其應用及連網軟體產品的生產也比較慢，在一九九〇年視窗3.0和微軟「辦公室」兩種軟體推出之前，微軟公

司的軟體僅佔製表軟體銷售量的百分之十，文字處理軟體則佔百分之十五左右，但是到了一九九五年，微軟公司結合這兩種產品，他們的銷售量就躍升到百分之六十左右，其中微軟公司的「文字」和「卓越」兩種軟體在視窗及麥金塔電腦中佔了首要的地位，而「辦公室」軟體則佔了迅速發展的應用軟體市場的百分之七十左右。微軟公司在較為複雜的數據庫管理工具和應用軟體、企業連網系統產品方面，目前所佔的百分比並不高，如視窗NT等工商業電腦網路所用的軟體，也只是在最近一年來才開始生產並在市場銷售的，到目前為止，一般用戶的反應十分良好。

從總體上看，微軟公司在軟體產品的數量和種類佔全行業的第一位，從編程語言到網路服務系統無所不有，包括性能複雜的「辦公室」商用軟體，也包括普通愛好電腦的客戶和兒童用的產品，在一九九五年財政年度產品銷售的總收入高達六十億美元，超過任何其他所有同行的競爭者，不過微軟公司最具有競爭能力的產品都屬於個人電腦軟體產品的市場，他們的產品在消費市場以外，並不佔有特別重要的地位。

產品定期推陳出新

微軟公司在產品行銷方面，總是採取主動的策略，他們主要採取兩種方式開拓市場，向各行各業逐漸滲透：

1.公司每年在新研發的項目上投以數億美元的研發費，微軟公司生產產品的原則之一就是不斷地改進產品的品質和功能，不論是多種版本的控制系統或是製表或是文字處理系

統上，總是以最快的速度推出新產品，使競爭對手無法與之相較量，MS-DOS這套操作系統目前雖然很少人採用，但事實上，這套系統並沒有被淘汰，這是因為微軟公司花了好幾年的時間，發明了一套包括MS-DOS在內，而以圖像為基礎視窗系統，使視窗的產品成為一個全面的控制系統。

2.微軟公司絕不會坐視現有的產品在市場上被其他公司的產品所取代，公司採取的策略是：以原有的產品為基礎，不斷推陳出新，以新一代的產品代替舊有的版本，如微軟「辦公室」、「基本視覺」、「視窗九五」等就是在這樣的環境下推出的產品，這些新產品包括了好幾項新技術的研究成果，在基本功能方面已經完全取代了舊有的版本。根據負責研制「辦公室」軟體的分部負責人表示：公司最慢每三年到五年就會推出新版本，使軟體產品和電腦硬體的發展能夠同步發展，同時在發展新產品的過程中，常常是依照目前電腦產品的走向，預測將來電腦市場和產品發展的新趨勢。

一般新上市的產品在使用方面來說，常不能盡如人意，通常要經過兩、三個版本之後才能得心應手，才能與競爭對手的產品真正一較長短，例如，視窗最先的兩個版本，不論在功能或是應用上都很有限，即使是後來的版本，也可常看出蘋果電腦麥金塔的痕跡，而視窗NT剛上市的時候，也不如Netware的產品，因此銷售的情形也不盡理想，要到視窗NT3.5版本上市後，才能逐漸趕上其他公司的產品，至於其他的產品也差不多，微軟公司的製表軟體、文字處理軟體、辦公室套裝軟體及家庭消費軟體，如多媒體產品、個人理財等產品，也都是經過一段時間的改進才逐漸提升品質，特別是

「金錢軟體」在一九九一年推出後，要經過兩個版本的改進才能趕上市面上其他的產品如Quicken等，Quicken這種個人理財的產品在一九八五年的時候就上市了，上市之後風靡一時，大約有七百萬名的用戶，而微軟公司的「金錢」理財軟體要在Quicken上市六年之後才推出，目前「金錢」軟體約有一百萬的用戶。

下面將列出一些微軟公司重要的軟體產品名稱，觀看這些產品演進的過程，或可看出微軟公司在改進產品方面所下的苦心：

(一)從基本語言到控制系統

一九七五年，當比爾・蓋茲和保羅・艾倫合創微軟公司的時候，他們是以個人電腦的編成基本語言起家的，電腦基本語言是在一九六四年由美國達特茅斯學院開始創辦的，原來是為電腦主機和微電腦而編寫的，蓋茲和艾倫當時採用了基本語言的公開版，加以整理和改進，然後廣泛地應用到普及型的個人電腦上。

話說一九八一年，也就是在國際商業機器公司邀請他們編寫個人電腦控制程序之前，蓋茲和艾倫兩人主要是集中精力在生產程序語言方面，他們倆人當初共花了七萬五千美元從西雅圖電腦公司購進一套樣品版的Q-DOS系統，基於這套基礎，他們合寫了第一版的DOS，Q-DOS雖然不是上市的產品，但是在當時可稱作微電腦控制系統的始祖。

在微軟公司之前，國際商業機器公司曾經跟好幾家顯要的大公司商議購買他們的產品，但是經過多次的協商都不滿意，商談不成的結果造成微軟公司的大好機會，首先是經過

蓋茲母親瑪麗的介紹，經過多次討論性的會議，國際商業機器公司決定由微軟公司來承製他們所需要的產品，一部份的原因是蓋茲和艾倫所編寫的基本語言程式在當時已經享有盛譽，而他們倆人在技術上的能力和可靠性也使國際商業機器公司比較放心，國際商業機器公司內部雖然僱有程序工程師，但是他們精於編寫電腦主機程序，對於編寫個人電腦的控制軟體則欠缺經驗，至於其他電腦公司的軟體產品，不論在品質上、或是在按時交貨方面都比較差。

前章已經提過了，微軟公司事實上並不是基本語言或是DOS系統的首創者，至於製表和文字處理系統也是別的公司先發明的，早在七十年代的中期，不論是電腦主機或是微型電腦，還有全錄公司的樣品個人電腦及「全錄明星工作站」就已經發明了他們自己的應用軟體系統，但是只限於公司內部使用，未能將產品大規模地推出上市，雖然在七十年代末期和八十年代的初期，有許多新成立的電腦公司開始研制個人電腦，但是都不成功，要到國際商業機器公司個人電腦和個人相容的電腦推出上市後，微軟公司的產品才得天時地利，開始大展身手了。

蓋茲和他的合夥創辦人艾倫是第一個將剛問世的個人電腦軟體商業化。

(二)搖錢樹的象形圖像

隨著微軟公司在軟體市場領域的活動增加，他們的產品也從文字型轉向圖像化發展，文字型的軟體，主要是以字母和數目顯示在螢光幕上，使用者通過語言指令和鍵盤操作對電腦下達指令，這類的指令較難記住，後來由文字軟體轉向

圖像化的軟體，螢光幕上顯示出來是一些容易會意的圖像，使用者只要用滑鼠在圖案上輕按一下，電腦就會開始執行指令運作，這類的設計使用戶更容易操作，其他的一些應用軟體，如「字善」（WordPerfect 5.1, 6.0 ）和新版的MS-DOS，都具有初步圖像的特徵，但是這些軟體仍舊是以文字為基礎，同時螢光幕上也不顯示象形的圖像。

隨著文字圖像化和網路系統的普及，微軟公司真正的搖錢樹已經不再是MS-DOS的操作系統，而是在螢光幕上顯示的圖像指標，只要用滑鼠輕輕地在指標圖像上輕輕一點，就可以立刻接通微軟網路，進而暢行國際電腦網路或是其他的世界網路，只要用戶每點一下，就等於是顧客在送錢，微軟公司計劃他們的連線服務將是支配所有藉電腦交易活動的核心，以類似視窗的軟體，用戶可以在微軟網路找尋各種資料，並可直接存入電腦的硬碟器中。

微軟公司在這方面的收費方式與其他的公司不同，他們不收取大筆的開辦費，只收取每筆交易的小額費用，不論是在微軟網路的電子商店購物，或是在商業資訊網中取用一篇文章，或與連線的銀行交往，微軟公司對每筆交易額收取固定的百分比的費用，積少成多，遠比收取大筆的開辦費更為吸引顧客。目前新出廠的個人電腦都預先裝配了視窗九五，藉著電腦市場的優勢，微軟網路的小圖像也成了使用電腦網路不可或缺的工具，每次有人使用，就有收入，以全球使用的客戶計算，小小的圖像立刻成了微軟公司的搖錢樹。

㈢桌上應用軟體

微軟公司在一九八八年推出「卓越」2.0軟體產品之後，

微軟公司在繪製表格的技術方面才可說與「蓮花」軟體的產品並駕齊驅，不過「卓越」2.0利用了視窗產品的優勢，同時與視窗的功能相輔相成，於是終於逐漸在電腦軟體方面，樹立了這種功能的新標準，就像「蓮花」1-2-3軟體和國際商業機器公司的個人電腦和DOS相配剛剛上市的情形一般，當「卓越」軟體剛剛上市的時候，許多電腦軟體評論家都認為這是一種劃時代的新產品，是一種藝術性的創作，是所有電腦用戶不可或缺的一項必備電腦軟體。可惜後來的幾版又落在「蓮花」新改進的版本之後，不過它在麥金塔電腦系統中始終佔有重要的地位，「卓越」5.0版的軟體現為視窗和麥金塔製表系統中最暢銷的軟體。

㈣視窗軟體

早期上市的視窗軟體並不好用，特別是早期的個人電腦仍舊存在許多問題，因此視窗在早期的銷路並不好，到了八十年代的中期，電腦工業界經過逐年的改進，不但在運作的速度上令人滿意，而且彩色的螢光幕也逐漸取代了黑白的螢光幕，此外新型的電腦硬體加強了處理的系統和擴大了記憶系統的容積，在這種情形下，微軟公司的視窗軟體才真正獲得了發展的機會。

在八十年代的時候，由於具有圖像系統的軟體並不多，因此在視窗的編寫過程中，就顯得比較困難，微軟公司花了好幾年的功夫才研究出一套如「基本視覺」這一類的編程工具，而其他的軟體開發公司因為當時不能確定視窗軟體是不是會成為市場使用的標準，因此多半不願意花錢編寫其他的應用軟體。

微軟公司在一九八七年的時候推出了視窗的第二版，這個版本是專門為英代爾80386微處理機而設計的，協助研究開發這項軟體的還有電腦製造商康百克公司，當時康百克的386型電腦的銷售情形十分良好，雖然有些客戶認為第二代的視窗軟體仍然不夠完善，例如運作的速度還不夠快、用起來有時欠缺方便等等，但是比起第一版的視窗軟體已經改進了不少，更重要的是視窗為圖形應用軟體開創了一個新市場，同時在這個時候，微軟公司的工程師已經開始著手編寫「卓越」2.0的軟體，因此一旦問世後，立刻使視窗在製圖的功能方面趕上了「蓮花軟體」，為公司的業務發展更是加助了一臂之力，結果視窗3.0版本在一九九〇年五月上市時，在五個月內就賣出了四十萬份，到了一九九二年四月視窗3.1版本取代前一代的3.0版本時，它已經成微電腦界的新寵兒，在一年之內，百分之九十的在市面出售的個人電腦都已經預先安裝了視窗軟體，目前微軟公司每個月以兩百萬份以上的視窗產品供應市場上的需要。

　　根據早期客戶使用的調查意見顯示：視窗3.1在售後服務的得分並不高，微軟公司針對這一點，為了改進售後服務的工作，不但多開電話熱線，增加售後服務人員，還提供訓練和諮詢資料工具等，微軟公司在實施這些的改進措施後，根據後來的調查顯示，客戶對視窗的滿意程度遠超過其他的軟體，不過一些專業的軟體評論家仍舊希望微軟公司能夠進一步改善視窗的記憶管理和保存、多功能的運作和項目、以及檔案管理等方面，這些願望後來在視窗NT和視窗九五都獲得相當令人滿意的成果。

1.視窗ＮＴ：第一版的視窗ＮＴ上市後，客戶怨言不絕，因為當時為了能夠使用這項軟體，電腦硬體的容積不但要大，而且還要有空餘的硬盤才能使用，同時安裝也不太容易，而使用其他軟體的速度也比較慢，甚至還產生不間容其他軟體的問題。到了一九九四年，微軟公司推出的視窗ＮＴ3.5版本，才排除了上面所說的這些問題，同時在視窗的基本功能方面也作了一些修改，同時還增加了一些其他的功能，使這項軟體在視窗的應用功能方面更加可靠，而且在工作站圖像和連網功能方面也有所改進，此外，這套軟體還能讓獨立運作的軟體互相配合使用。

2.視窗九五：視窗九五在研制的過程中曾經一度命名為「芝加哥」，原計劃於一九九四年的聖誕節前後推出上市，後來經過八個月的延誤，終於於一九九五年八月上市，當地的電腦迷在銷售的前夕即漏夜守在零售店前，希望捷足先登，取得第一位購得視窗九五的榮譽，一時傳為美談。

視窗九五不論在功能或是使用簡易的程度上都可與已有十年使用歷史的麥金塔系統相比，視窗九五所需的硬體設備與視窗3.1相似，在軟體技術上是一大進步，兼備視窗3.1的結構優勢，而增加的一些新設計和特色，有一部份是來自視窗ＮＴ和別的軟體產品。

視窗九五在研發的過程中，微軟公司斥資數千萬美元，以五百人的大隊花了三年的功夫，測試了兩千個小時才正式推出上市，剛上市的視窗九五果然不負眾望，即時成為電腦軟體市場的新寵兒，在斥資一千五百萬元的廣告攻勢下，成為最暢銷的軟體，在電視購物網兩小時的促銷節目中，就賣

出了兩萬套的視窗九五，創下促銷節目的新紀錄。

　　視窗九五上市已經將近有二年的時光了，除了最初的兩、三個月外，其他月份銷售的成績事實上並不如預測的那麼好，推就其中的原因，視窗九五自行安裝的麻煩和電腦容積的提升是其中兩項最大的阻因，大多數的電腦用戶安於現狀，寧可等到下一次購買電腦時，當作已有的電腦配件，而不願意費神安裝，或是再花錢添購硬體設備，提升電腦的硬體容積。到九五年底，全球售出了九百五十萬台裝備有視窗九五的個人電腦，單獨出售的軟體也達兩千萬件左右，現在市面上大部分待售的電腦都貼上了「已裝有視窗九五」的標籤以吸引顧客。

　　由於目前個人電腦銷售的成長率開始減緩，連帶也影響了視窗九五的銷售量，同時由於視窗九五對國際電腦網路和連線網路服務具有相當複雜的功能，因此最近也成為美國聯邦調查局反托辣斯調查的焦點，根據其他連線網路服務公司的申訴，由於視窗九五能夠讓客戶迅速進入微軟公司的連線服務，而使其他競爭的廠商的軟體產品無法進入國際網際網路，造成不公平的競爭。

視窗九五和麥金塔的比較

　　前章已經提過，許多軟體項目都不是微軟公司發明的，但是微軟公司的產品能夠後來居上，主要是經過不斷的改進和革新，才逐漸達到霸佔軟體市場的境地，蘋果電腦的麥金塔在製圖功能、文字處理方面一向以簡易著稱，當視窗九五上市後，蘋果電腦曾一度嗤之以鼻，說是早在三年前麥金塔

的軟體就已經具備了許多視窗九五的功能,下列將一些調查的意見陳列於後,或可看出客戶使用兩種軟體後的意見比較:

㈠麥金塔

- 我最近買了一台動力麥克 (PowerMac) 8500,從包裝的紙箱內取出,我只花了大概十分鐘左右安裝,就可以馬上操作了,我敢打賭,視窗九五絕對沒有這麼容易使用。

- 我們家一共有五口人,四個喜歡動力麥克,只有我一個喜歡PC,雖然私下我承認比較喜歡麥克,但是不願意公開承認,怕被他們嘲笑。

- 我以前使用視窗3.1的時候,偶然在接收資訊時會出現一些錯誤,但是自從安裝視窗九五之後,常出錯誤,想盡辦法都沒用,最後我只好放棄這台電腦,買了一台蘋果,問題也就消失了,我相信視窗九五藏有病毒,現在我根本不敢用原來的那一台。

- 視窗九五在安裝、視窗網路聯線方面,是絕對比視窗3.1容易多了,但還是比不上蘋果麥金塔的操作系統,同時就電腦的穩定性、保密性和網路聯線方面,視窗九五也比不上他們自己的視窗NT系統。

㈡視窗九五

- 視窗九五要比蘋果麥金塔更容易使用,而且更快、更穩,性能也更大。

- 視窗九五有許多長處,但是缺點也不少,大概是急忙

上市的緣故，特別是在圖文傳眞和電子郵件功能方面，是需要馬上改進的。另外，視窗九五具有許多不同的指令，但是卻具有同樣的功能，容易引起混亂。總體來說，視窗九五比較接近蘋果麥金塔原有的功能，但是還比不上蘋果。

- 自從安裝視窗九五之後，問題層出不窮，原有的應用軟體在交換使用時常常會出現錯亂的現象，特別是印表機，常常會印一些莫名其妙的符號，雖然視窗九五具有許多便利的地方，但是跟新出現的麻煩相比，我看還是不值的，現在我又回到原來使用的視窗3.1系統。

- 視窗九五的相容性大爲改進，可以接納常叫的檔案名稱，試用時的穩定性也比較強，與網路聯絡的性能也比較好，但是在一台486／66,8MS記憶體的電腦上操作速度太慢，而且會與某些軟體相衝突，不易同時操作。

- 我對視窗九五最不滿意的地方就是速度太慢，爲了加快速度，我只好清除電腦硬體中的一些舊檔案，重新安裝，結果速度大概增加了百分之四十左右，不過我還是覺得視窗九五並不如宣傳中的那麼好。

- 安裝視窗九五之後，我覺得比較容易操作，但是它的缺點是，如果安裝的其他軟體不是微軟公司的，就很難與原有的軟體互相配合，有時候根本很難啓動其他的系統。

根據上面用戶的評論，視窗九五的好處與缺點都有，或

許在視窗九五推出之前，在強力的造勢之下，有些功能或許稍嫌誇張，不如宣傳的那麼好，也不如預期中的那般具有魔力，同時在安裝時並不如想像中的容易，花上數十個小時安裝是常有的情形，時間寶貴不說，有時甚至擾亂了原來的系統，使操作不順，因此很多人覺得不值一試，但是也有的說，經過好幾個星期的失敗和氣餒，終於發現了視窗九五好的一面，因此再也不願意回到舊系統上去，到底是蘋果好還是視窗九五好，真是見仁見智，莫衷一是了。

根據一位電腦分析家的看法，他認為如果是家庭使用的電腦，視窗九五比較合適，因為功能大，而且裝配的遊戲種類也比較多，如果主要是在辦公室使用，以儲存資料為主，視窗九五或是視窗NT則比較合算，若是電腦主要是用在資料的排版或是展示方面，蘋果麥金塔則比較容易使用，大型的企業公司，有專人負責系統的操作，我看最好的選擇還是視窗九五。

產品的售價

微軟公司每在推出一種新產品之後，總是使出各種的市場行銷技巧，希望增加產品的銷售量，並保證公司的產品能夠成為產業的標準，爭取獨有的合同，以保持產品的領先地位。早在一九八一年的時候，蓋茲在一次公開的會議上曾談到產品的售價和產業標準之間的關係，他說：

為什麼我們需要產業標準？……這是因為只有通過銷售量，才能實現以低廉的價格推出質量較為合理的軟體產品，而產業標準設定的位置又可以促進市場的銷售。或許我不該

這麼說，但是在某種意義上，在一種產品範圍內，自然容易形成壟斷的地位，也就是說，某種企業能夠將產品的內容，使用方法標準地記載下來，作為培訓人員和市場推銷的基礎，同時以這個基點作為原動力，通過專利費、信譽、銷售力和價格，在該項產品上建立一個穩定的地位。

微軟公司經過十多年的努力，蓋茲的這段話成了微軟公司經營的寫照，不論是在產品的定價、推銷、認正還是在售後服務方面，都積極使產品標準化，同時基於薄利多銷的原則，在推銷產品的時候，提供相當大的折扣，這種基本市場行銷策略使微軟公司的產品，如編程語言的「基本視覺」，以文字為控制系統的MS-DOS，個人電腦圖像控制的視窗控制系統，以及桌上應用套件如「辦公室」等產品，在市場行銷上都能夠佔有絕對的優勢，而由於視窗和辦公室軟體的暢銷，同時也使該項軟體在產業界設下了新的標準。

增加產品的銷售量對公司資金的周轉和企業的成長都具有絕對重要的因素，微軟公司由於自己生產的軟體在市場上具有壟斷性的地位，並從產品的銷售量中獲得空前的利潤，也使公司在日後新產品的開發方面具有足夠的研發資金，目前微軟公司在產品的研究開發費用方面，他們所分配的研發資金佔美國軟體工業的第一位，一九九五年微軟公司的產品研發基金是四十億到五十億之間，但實際動用到的資金只有八億三千美元。

蓋茲認為產品的研發費與「市場規模的問題」具有互為因果的關係，如果一個月能夠銷售一百套視窗軟體，每年就得花上三億美元去改進產品的質量，改進產品的結果不但能夠保持市場的銷售量，而且還可以降低產品的價格，這種策

略是產品在市場上能夠保持銷售量的不貳法門，就以微軟公司的「視窗」為例，微軟公司在促銷的策略上，仍舊採取公司一貫的主張，就是以低廉的價格和卓越的售後服務取勝，例如當第一版的視窗在市場上推出時，微軟公司將視窗1.0的批發價定為九十美元，但是對他們的大客戶，每台電腦僅收八元美金，或是每套僅收二十四美元，到了一九八七年的春天，從微軟公司對外發佈的資料看，視窗以經銷售了五十萬套，但銷售的方式主要是與MS-DOS搭配在一起，而實際上僅裝有視窗的只佔百分之二十左右，新版的視窗3.1售價為三十五元美金，零售價為九十五元美金，視窗九五的價格也差不多，電腦商如果同意在其出售的一半機器以上安裝視窗九五，或是採取視窗九五的標誌，並在某一日期以前簽訂合約書，就可以將軟體的批發價減為三十元左右。

一般軟體工業生產的成本都是固定的，所以說，銷售量是任何產品的成功因素，銷售量就是一切，銷售量大，利潤高，就能分散、降低生產的成本。

爭取獨一合約的原則性

微軟公司在取得獨一的合同方面，主要是與電腦商採取長期合作的關係，他們在推銷產品方面，經常是經過電腦商在銷售硬體時預先安裝微軟公司的軟體，然後隨著電腦售出，因此在微軟公司與電腦商的長期合作合同之下，使競爭對手的產品很難擠進來，例如國際商業機器公司就曾經想用（Presentation Manager）OS／2取代微軟公司的視窗，但是因為微軟公司與主要的電腦硬體製造商都先定下了長期合

作的合同，因此造成國際商業機器公司無法施展長才，此外微軟公司早就讓電腦製造商承諾認證視窗九五的功能，因此保證了視窗九五在市場上的地位。

微軟公司與電腦製造商的長期合作的合同並不限於美國境內，而是遍及全球各地的國家。根據已經出版的資料顯示，一九九五年度出售的個人電腦，約有百分之七十以上預先裝有視窗的軟體。微軟公司在市場的行銷方面可說是出盡了渾身解數之力，所以視窗九五雖然比原來預定上市的時間較慢，但是多數的電腦觀察家仍舊很樂觀，他們估計在第一年的銷售量可達三千萬份左右。

微軟公司的產品雖然已經打出國際的聲譽，但是他們對後來的產品也絕對不抱著任何僥倖的心理，就像早期促銷MS-DOS和視窗產品一般，在視窗九五上市之前，公司就已經投入一億美元的促銷費，另外還花了一億美元作為宣傳其他一般消費市場所用的軟體，目的在使微軟公司的產品和名字再度打入消費者的心中，成為電腦界家喻戶曉的名字。此外微軟公司還採用專利的辦法，使其他公司的軟體工程師無法為視窗3.1編寫應用軟體，這樣的策略在確保視窗九五及其他版本在市場上的穩固地位，使視窗九五成為電腦軟體控制系統的新標準。

由於MS-DOS和早期視窗產品在市場上受到廣泛的歡迎，同時由於微軟公司在拓展與電腦製造商的關係上不遺餘力，因此使微軟公司在拓展公司的應用軟體時就先佔盡了優勢，成千上萬的電腦用戶，每天一打開電腦就先看到微軟公司的標誌和名字，在這種情況下，微軟公司的產品就先佔盡了優勢，有助於公司推銷未來的新產品或是較為冷門的產

品，以及其他各種多媒體的軟體，例如微軟公司原來並不太受歡迎的Works軟體，在與電腦商合作並預先裝入電腦內後，立即搖身一變，變成暢銷品，另外公司在處理「基本」和與視窗有關的軟體時，也是採取類似的策略。

產品與產品之間的聯繫

微軟公司在推出視窗九五之後，其立刻能夠獲得市場和用戶的認同而成為暢銷的軟體，主要是因為微軟公司能夠利用產品與產品之間的聯繫，達到暢銷的目的，從這一點看，或許最能說明微軟公司如何利用已經建立的產品標準，取得市場優勢的好策略，這項新產品不但能夠讓用戶在該控制軟體系統之內，直接通達微軟公司的電腦網路，同時還能夠通達其他網路服務的產品，事實上這些網路產品已經利用了視窗九五的功能，達到促銷視窗NT的目的，從整體來看，微軟公司的所有產品已經充分建立起一套完備的銷售網，產品之間能夠互補長短，互增所長，達到壟斷市場的目的，即使像國際商業機器公司的OS／2等性能優越的軟體，也難以與之競爭。

微軟公司為了架設這套整體的銷售網，在九十年代的初期，就花下大筆的人力和物力，將過去開發的一些零星產品重新組合，擴大並且簡化，使用戶在使用的時候更能夠應心稱手，同時也能夠減低產品的售價，以「辦公室」系列的產品為例，它將「文字」、「卓越」和「動力點」等軟體組合起來，價格與過去單一的產品相差不多，另外在視窗3.1、MS-DOS、視窗九五這一套綜合的產品中，就同時包括了保

護螢光幕的程序、終端機仿眞程序、時鐘、計算機、日曆、日曆表、壓縮數據軟體、抵抗電腦病毒設備、診斷工具、電子郵件、傳眞設備、網路連線軟體等等，而在過去，這些軟體都必須分別購買裝置，微軟公司還有許多其他的軟體以配件的方式出售，例如新式的家庭應軟體等，在市場的銷售都十分成功。

微軟公司除了上述的方法以重新包裝的方式銷售軟體外，還提供簡易便捷的訂貨方式，通常是以電話訂貨或是以電腦網路聯繫的方式進行，公司一旦收到訂貨的貨單，立刻在當天處理，並以郵件快遞的方式寄出，使客戶在兩、三天甚至在訂貨後的一天內就收到產品，在送貨的速度上和產品的使用上使客戶滿意，一旦聲譽傳播出去，客戶便不斷地增加，而產品的銷售量也不斷地增加，也爲微軟公司帶來了源源不絕的財富。

海外市場

微軟公司的產品，除了雄踞美國這個最早、最大的個人電腦市場電腦外，在海外市場的表現也絕不遜色。任何產品要打進國際市場都是很困難的，但是不可否認的，產品打進國際市場是市場行銷道路上一個重要的環節，不但能夠擴大產品在市場上銷售的範圍，最重要的，還在分散產品在市場上的依賴性。

微軟公司在一九八三年首次推出MS-DOS的國際版後，以後生產的各種產品也都盡量推上國際市場，目前微軟公司在世界各地設有三十六個附屬機構，而公司的總收入，約有

百分之四十來自海外的市場，其中以日本和歐洲的市場為主。微軟公司在海外市場競爭的策略與在美國市場的相似，也是與電腦製造商合作，以市場價格或是低於市場上的價格，取得獨一合約，並與廠商訂定長期合作的合約，將微軟公司的產品預先裝入電腦中出售。

　　就以日本的市場為例，微軟公司早在一九八○年大的時候就與NEC等電腦製造商建立了良好的關係，在一九八三年的時候就授權出版MS-DOS的日文版，不過該軟體要到一九八七年，十六位元電腦銷售量上升時才變得熱門起來，微軟公司現在的視窗NT及其他主要的產品都有日文版，而微軟公司設在日本的分公司，除了主要翻譯日文版的工作外，還兼管中文和韓文版的軟體，台灣目前設有微軟公司的分公司，主要負責的任務以促銷中文的軟體產品為主，以台灣的市場為主，最近台灣的分公司也涉及一些中文軟體開發的研製工作。

　　微軟公司近年來已大大加強對亞洲市場，尤其是大中華市場（包括中國大陸、台灣和香港）的注意。特別是中國大陸的市場，近年來由於經濟的迅速發展，市場上對電腦一類高科技的產品尤為需要，一九九五年，中國大陸一地的市場就銷售了一百一十萬台的電腦，比上一年增加了百分之五十四，與同一時期的美國市場相比，美國境內個人電腦的銷售額反而比上一年下跌了百分之二十二。根據專家的估計，到一九九九年的時候，中國大陸市場上個人電腦的銷售量將達五百萬台，而整個大中華區個人電腦的銷售量將佔全世界第二到第四位。

　　微軟公司有鑒於此，早在一九九二年的時候就在北京設

立了辦事處，原來計劃用微軟公司在台灣發展的繁體字軟體，作爲開發大陸簡體字的基礎，但是由於中共政府的大力反對，不願意依附在台灣的科技之下，堅持微軟公司爲大陸設計一套特殊專用的代碼，以中國的簡體字爲中心，微軟公司考量的結果，決定接受中國「電子工業部」的建議，決定暫時長期留在中國，開發中國大陸的市場。

在歐洲，微軟公司早在一九八二年的時候就在英國成立了銷售的機構，後來又發展到法國、德國等國家，當微軟公司開始登陸歐洲的市場時，蘋果電腦已經佔了歐洲市場的百分之五十左右，但是微軟公司能夠發揮說服力，說服好幾家歐洲電腦製造商預先將MS-DOS和Basic等電腦軟體裝在電腦中出售，而這些軟體的使用說明書也很快地翻譯成歐洲語言，與各種歐洲版本的軟體同時問世，一九八三年到八四年間，由於國際商業機器公司個人相容的電腦在歐洲普遍受到歡迎，因此當地的電腦製造商自然就很願意採用MS-DOS作爲標準的電腦控制系統。

今天微軟公司的產品在海外市場也已經成了一個人人知曉的名牌、名產品，這些海外市場爲公司帶來得利潤，也能睥睨市場群雄，遠非其他軟體開發公司所能比擬。

六、自我批評和意見反饋的服務策略

微軟公司過去數年來，以自我批評，意見反饋和經驗交流的方式，逐漸使公司內部的組織更為完善，而產品的品質和公司的行政效率也更為提高。自我批評的目的在自我改進，許多微軟公司的專業人才主觀力強，自視甚高，而且自尊性也很強，他們通常不太願意、也不太能夠接受他人的批評，微軟公司為了表示尊重這些專業人才的意見，採取自我批評的方式，一方面可以保留住這些專業人員的自尊，一方面也提供他們自省的機會。

鼓勵客戶意見反饋

意見反饋的長處是使公司的專業小組在開發新產品前，先有機會研習客戶和其他專業人員的需要，以他們的意見作為開發產品的指標，藉著經驗的交流，增進軟體開發工程師與客戶之間的聯繫，進而達到改善產品的目的。微軟公司採取的辦法可分成下列四點：

- 從過去和現在的產品中作有系統的學習
- 利用統計數字和標準尺度，鼓勵意見反饋和提高產品質量

- 將售後服務當作產品的一部份，並作為改善質量的數據標準
- 提倡在各個小組間加強聯繫和交流意見

目前有關企業管理的文章中，常常提到公司企業人員再學習、再受教育的問題，事實上這個題材的範圍很廣，現在僅從微軟公司的角度來探討這一問題。一個公司企業在成長的過程中，公司內部的專業人員常常有許多隨地學習的機會，例如，聽取客戶的意見，在設計產品和產品組成成分時，鼓勵不同部門的開發工程師相互交流看法和經驗等，藉著這類隨地學習的機會，公司的主管可以改進經營的方式，軟體開發工程師可以改善產品的質量，其好處無窮。

微軟公司在這方面成功經驗，成為美國其他企業界學習的對象，其中一點重要的因素，就是公司的專業人員不斷地從過去和現在的經驗教訓中學習，不斷地分析和改善自己的產品和品質，衡量工作生產的進展，研究客戶的需要，而且公司內部人員的交流管道也常通暢無阻，如此專業人員彼此之間能夠真正地達到互相學習的目的，微軟公司的管理和專業人員，他們超常的努力，總是不斷地朝著建設一個更完整、更健全的組織邁進。

由於微軟公司的客戶眾多，公司每天接到的諮詢電話和電子信件不計其數，微軟公司能夠利用常與客戶接觸這樣的優勢，不但重視客戶的反饋意見，而且還詳細分析客戶的看法，並將有關的意見轉達到各個相關的部門作為參考，客戶的意見反饋成為微軟公司寶貴的資源之一，他們能夠利用這樣的資源，轉成公司有利的工具。回想微軟公司在創業的初

期，由於個人電腦的市場剛剛萌芽，產品稀少，他們只要集中精力在一種產品、一種競爭對手和一個目標上就能夠生存，客戶的意見可說根本不存在。

隨著時光的流轉，個人電腦已成為一般公司行號，甚至一般家庭不可或缺的工具，軟體產品的繁多已經到了不計其數的地步，不進步就是退步，微軟公司早期的產品並不盡理想，其他大的軟體開發公司在產品方面甚至比微軟公司的產品還要卓越，因此微軟公司當時研製軟體的目標是，在製表的功能上爭取趕上了「蓮花」，在文字處理的功能上則瞄準「字善」，經過幾個版本的改良，他們研製出來的「卓越」軟體和「文字」軟體終於超越了「蓮花」和「字善」，甚至有完全取代的傾勢，微軟公司的專業人員在開發「卓越」和「文字」軟體的過程中，客戶的意見反饋扮演了絕對的功勞。

促進專業人員的意見交流

客戶的反饋意見固然絕對重要，但是即使像微軟公司這樣資金雄厚的公司，他們在開發各種不同的產品時，也不能僅靠客戶的意見，為了能夠降低公司的開發費用，微軟公司必須將產品標準化，使眾多的產品具有一些普通的功能，以便降低開發、測試和售後服務的成本，同時由於市場的競爭性，使公司不可能重複任何設計上的錯誤，漠視客戶的批評和建議，或是不按照預定的時間推出產品。微軟公司能夠從一個僅有幾種產品的小公司，在二十年內發展到今天這樣龐大的組織，實在是很不簡單。

微軟公司目前將所有的產品開發工作都集中到華盛頓州的雷得蒙市的總部進行，這與一些跨國大企業公司將有些部門分散到世界各地相比的話，微軟公司的作法顯然更爲明智，因爲公司的各部門集中在一個地區，使公司的雇員更容易交流意見，相互學習，雖然在今天電子信函十分普及的時代，但是蓋茲和微軟公司的主管人員仍舊堅持工作人員應該時時保持接觸，遇到問題要面對面解決，見面的地點不侷限在個人的辦公室，午餐廳的餐桌、休息室的沙發上都是解決問題的好地方。

　　若要正確地、客觀地評估某一項產品的功能，或是某一位開發工程師的工作能力，這並不是一件很容易的事，因爲要衡量一個人的生產效率和工作質量，必須從許多方面進行。微軟公司的軟體開發工程師多半是具有獨立自主性，而且具有相當的聰智，別人很難評價，因此微軟公司採用一種自我評價的方式，鼓勵個人寫出他們對自己的看法和批評，在七十和八十年代的時期，微軟公司各個生產部門之間都比較孤立和保守，各部門之間較少往來，後來他們在實踐中逐漸感覺到，員工之間必需通過互相交流的過程，才能開創視野，他們交流的方式包括：

㈠事後分析報告

　　自從八十年代後期以來，微軟公司有一半到三分之一的項目都寫出了產品之後的分析報告，其他大部分的項目也都舉行過總結會議，所有的總結分析文件，在進行自我批評方面，都十分坦率，這些文件通常會送到最高的管理階層保管。

(二)程序審核

　　產品開發部門主管的職責之一，就是審核產品項目，特別是當某種產品項目在開發過程中遇到了難題時，在審核過程中，廣詢意見，交流看法。

(三)休憩活動

　　從八十年代開始，微軟公司就開始了每年一度的休憩活動，其中主要的目的之一就是使各部門的主管能夠利用這個機會互相聯繫，交換意見，例如如何改進某一種產品，除了改善品質之外，如何改善售後服務，使產品更具有競爭性，他們在一九八三年的聚會中，曾經提出趕上「蓮花」產品的具體目標，結果微軟公司開發出「卓越」軟體，在實際使用功能上，真的超越了「蓮花」的功能。

(四)各部門交換意見

　　隨著微軟公司的逐漸壯大，他們也像其他的企業一般，因為部門眾多，缺乏聯繫，常常會有這個部門不知道那個部門在做什麼的問題，上面提到的休憩活動，就是補救的辦法之一，但是這些交流活動多半只有在高層次的主管，而且每年只有一次，因此微軟公司採取了另外一些的補救辦法：鼓勵各部門的分類小組組長和分部經理經常會面，例如相約在午餐的時候會面交談，另外，電子郵件也是互通信息的好工具。

(五)先嚐嚐自己的狗食

這是微軟公司軟體開發人員常常掛在口邊的一句話，意思就是開發出一項新產品時，自己應該首先試用，就像廚子要先嚐一嚐自己做出的美食一般。

像微軟公司目前這麼一個龐大的組織，要使各分部小組之間的專業人才時時保持密切的交流，這並不是很容易作到的，特別是每人的工作量都很大，時時刻刻在趕工，要特別抽出時間，事實上並不太容易，微軟公司經過多年的努力和鼓勵才達到目前的地步，當然還有更上一層樓的餘地。

加強聯繫交流的「共通」產品

在一個龐大的公司組織內，各專業小組之間的相互學習、相互觀摩已經成為一個企業整體不可或缺的一部份，微軟公司一再強調必須研製具有整體性功能的產品，所謂產品的「共通性」，不但可以節省開發的成本，最重要的是，能夠達到改善產品質量和保持產品進度的一致性，微軟公司和其他軟體開發公司一樣，他們重視產品在市場的通用性，絕不可能任意刪改產品的一體性和兼容性。在這前提之下，微軟公司採取的辦法是：

(一)共有產品的核心性

微軟公司在一九九三年的時候劃分了大約有三十五項各種產品的共有功能，後來公司在產品的開發過程中，專門設立了一個特殊的程序，就是讓某個具有專長的小組特別負責

某種產品的特殊功能，例如「文字」小組專門負責文字處理方面的功能，「卓越」小組負責數學計算方面的數據功能，而其他專業小組也採取類似的作法，將一些共有的功能應用到他們特別開發的軟體上。這種程序已經逐漸成為微軟公司在產品設計過程中，互相交流共有功能的習慣作法。例如在「辦公室」這項應用軟體套件中，就可以看出這一特徵，微軟公司採用這種方式的另一個用意就是希望用戶能夠體會產品的共通性，而從產品的使用中受惠。

(二)從相同的功能中，提取數據資料

　　在開發產品的過程中，微軟公司的開發工程師通常從範圍龐大的數據庫中，尋找產品的共同點，而這個過程的第一步就是必須從各種產品中先收集相似的功能，例如在「卓越」、「文字」、「動點」、「出版商」和視窗等軟體項目中，就可以收集到具有三百多條的共有功能，而這幾項產品具有的功能已達六百多項，但是在開發新軟體之後，只能從中選取一部份，從這些軟體的實驗版本中收集這些功能的詳細資料，以及使用的頻率數據，從中推算、估計未來開發軟體的走向。

(三)「辦公室」應用套件集成

　　微軟公司在「辦公室」產品中集合了上述產品的主要功能，由於許多的功能不需要另外製作，因此這一套件的售價具有相當強的競爭性，由於售價低廉，據目前的估計，已經售出一千五百萬套。

(四)各種產品以及產品組成部份之間的相互依存

　　以產品組成部份為基礎的軟體開發手段,加強了產品與產品之間互相依存的關係。在微軟公司剛剛成立的時候,公司的目標是開發性能卓越的獨立產品、改善守時性、每日編寫軟體等,當時的產品以單件軟體為主,數碼自行控制,但是到了現在這麼龐大的組織,有些時候甚至要依賴工作小組以外的人員,而開發工程師一方面要追蹤各種產品之間與自己有關產品的共通性,同時還要密切注意公司內部所完成的進度指標。

(五)各軟體兼操作功能的互通性

　　微軟公司在「辦公室」及其他應用軟體中使用一般操作性能的應用連結工具,使其中的一些組成成分能夠互相溝通,這樣做的目的是使兩種或多種以上的軟體能夠同步操作,而產品之間的組成成分也能夠互相協調。

(六)數碼的重新使用

　　微軟公司在同一件軟體系列的不同版本之間,多半是重新使用大部分的數碼,一般是超過百分之五十一以上,這樣做可以節省大量的時間和大筆的金錢,軟體開發工程師只要針對某種功能研制一次就能夠重複的使用,而不須每換一次版本或是機器種類,就必須再花一次的功夫。

　　由上面這六點看來,微軟公司在生產產品的過程中,採用的方式之一是採取產品已有的共通成分為基礎,然後增加

產品的新功能，不斷推陳出新，不斷有新產品、或是新版本上市，言之爲「新」產品，事實上，新產品中包括了不少的「舊」成分，只是不爲用戶察之而已。

衡量產品意見的標準尺度

微軟公司的經營管理策略之一就是鼓勵客戶反應意見，鼓勵公司內部的專業人員交換意見，他們最終的目的就是改善產品的品質，增加產品的銷路，提升公司的利潤，但是若要衡量顧客的意見，品評產品的質量，公司內部就必先制定出一套衡量產品質量的標準尺度，有了這套制度，就可以更加有效地管理和改進專業人員的生產活動，以及產品的質量。

所謂衡量產品質量的標準尺度就是總結、歸納生產的主要程序，生產的數量，品質的管制等，在一定的日程內，以固定的方式衡量產品是否達到一定的標準，衡量的結果則必須在分析報告中提出，作爲公司日後改進產品的準繩，其中包括的內容有：

(一)標準尺度的範疇

* 質量──就是指每天或是每星期找到了多少的錯誤，解決了多少的問題，這些錯誤的嚴重程序和解決的方策，錯誤集中分析，每千行數碼錯誤的比率，使用性能測驗的結果，用戶滿意的程度，出現問題的頻率等。
* 產品──就是指產品的功能和數目，以原始數碼的行數來衡量產品的大小規模，記憶容量，執行文檔數量，

不同版本之間的規模是否有改變，數碼重複使用的程度，速度和記憶蓄存使用、數碼測試的範圍。

- 程序——就是指各種功能小組的人數，預計和實際完成編寫功能的日期、進度里程、可上市的產品、誤時率、檢查對照研製進度、效率和尋找錯誤的方法的要點總結。

(二)衡量錯誤嚴重的尺度

微軟公司常常會遇到的軟體產品中的一些錯誤，用行話來說就是「臭蟲」。在任何一個軟體開發公司，找出和清除這些「臭蟲」是軟體產品開發的一個主要部份，由於微軟公司的工程師每天都要編寫大量的數碼，很難免的，就會產生出一些「臭蟲」來，因此找出和清除這些「臭蟲」就成了軟體開發過程中一個不可或缺的環節。

(三)現行尺度不足之處

微軟公司目前所採用的衡量制度，就全面衡量而言，僅僅是一個開端，他們需要有一套更早、更深一層、更完善解決問題的辦法，或者至少為可能出現的問題做好準備，其他的公司如摩托羅拉、休樂帕卡和日立等公司，都是具有完善的衡量尺度，因此他們的產品在市場上十分通行。

(四)衡量產品的最佳辦法

這項原則包括了事後分析和程序複查的手續，所需的時間不多，通常不會比寫一篇分析報告的時間長，而且還可以產生一連串值得分享的最佳辦法。

(五)全面衡量的標準尺度程序

　　這一程序可以預先看到問題的所在，執行這一程序，通常是將公司內部各功能小組本身與工作方法進行比較，有時候還需要與其他企業的標準和衡量尺度對照，這些常用為參照標準的機構包括軟體工程研究所，國際標準組織或是該行業用戶滿意程度調查資料等。

　　由於這些產品衡量標準的制定，微軟公司在增進專業人員意見的交流，改善產品方面的效率也大為增加了。

客戶售後服務的重要性

　　微軟公司除了從公司內部衡量產品的優點和缺點外，他們也爭取從外界學習的機會，例如使用微軟公司軟體產品的客戶便是很好的來源。

　　微軟公司的軟體開發工程師經常從用戶使用後的經驗獲得許多寶貴的意見，由於用戶與微軟公司軟體開發工程師之間交流管道的建立，用戶很容易直接向各個開發小組反應意見，分部的經理每月除了分析研究活動、計劃開發項目外，還需從客戶的反應電話或是電子郵件中分析客戶的意見和建議，然後與開發工程師一起在實驗室針對客戶提供的意見，對產品進行各種測試，同時對每一種產品還要編寫出一套試用版，供內部使用，以收集意見。另外公司也常邀請外部的一些客戶作為實際測試的對象，在這樣測試的情況之下，當產品正式推出上市之前，就已經包括了用戶的使用意見在內。

過去十餘年來，微軟公司一再加強有關客戶售後服務的策略和組織結構，在公司成立之初，微軟公司客戶服務的形象並不太好，他們對客戶使用者的意見反應過慢，而設計的一些產品也不容易使用，例如微軟公司的MS-DOS操作系統就不如蘋果麥金塔的操作系統容易，而在用戶使用諮詢方面，也不如「字善」軟體來快速親切，「字善」軟體的免費電話熱線，和良好的售後服務態度，在用戶口碑中皆屬第一。

　　微軟公司為了改進這個缺點，在一九九〇年首次推出視窗3.0時，開始改變他們售後服務的方針，特別是到了一九九二年視窗3.1上市時，微軟公司更是進一步加強售後的服務工作。他們新的視窗控制系統和應用軟體目前已經出售了千萬份以上，每天接到的諮詢電話數以千計，多半是有關使用軟體的問題。此外，微軟公司的軟體市場也從電腦硬體製造商轉向個人電腦，因此需要的售後服務更是大量增加。根據市場調查報告顯示，個人電腦的用戶通常將電腦售後服務當作產品的一部份，因此微軟公司要使用戶滿意，就必須改變過去的作風。

　　微軟公司改善售後服務的一個辦法就是向「字善」軟體公司學習，建立一個專門的部門，以迅速、有效的方式解決用戶的問題，另外微軟公司還採取一個辦法，就是以系統性的方式從客戶的諮詢電話中搜集他們的意見，然後再將這些意見傳達軟體開發小組，開發小組的工程師會採用客戶的意見，不斷地將產品朝著更容易使用的方向改進，這樣客戶來電詢問使用方法的需要就逐漸減少了。另外還有一個改進售後服務的辦法，就是針對詢問電話數量增加的情況，盡量將服務系統自動化，同時還可以對諮詢的電話徵收少許的費

用，公司然後用這筆錢來維持售後服務的開銷。

　　微軟公司除了採取上述的辦法外，公司的創辦人蓋茲在改進售後服務方面，還採取了身體力行的辦法，他曾經發出一份備忘錄，特別要求公司上階層的管理人員不可再漠視客戶的意見或是需要，要求在視窗新版本上市後，必須立刻改進售後服務，他也立刻增加電話服務組的人數，從八十年代中期的幾十個人增加到全國各地的兩千多人，曰占微軟公司全體雇員的九分之一左右，此外，在海外的三十六個國家中，另有一千名客戶服務人員。

客戶意見反饋的處理方式

　　至於有關客戶來電的資訊和處理方式，微軟公司也有一定的程序，蓋茲在談到微軟公司經營的優勢時，總是特別喜歡強調客戶的電話，他認為客戶的電話為公司提供了大量的寶貴資料，使微軟公司的軟體開發人員對客戶的需要和所遭遇的困難更為了解。微軟公司平均每天接到六萬個電話，其中約有四萬個是屬於電子諮詢一類的電話，可由自動電話回答系統回答問題，另外約有兩萬個則需要技術人員來處理，根據公司的估計，每出售三套產品，平均就會產生一個諮詢性的電話，而在幾年前，這個比率是每一點五至兩套產品就會產生一個詢問的電話，平均一個電話的時間為十三分鐘。一九九一年客戶等待電話回答的時間為四分鐘左右，到了一九九二年和九三年的時候，儘管電話的次數激增，但是等候的時間卻縮短到一到兩分鐘，約有百分之八十的電話在一分鐘之內就有人接聽。

根據出售產品的數量和客戶打來諮詢的電話比較，從其中的比數可以看出，客戶打來的電話其實只佔電腦使用人數的一小部份，有關資料顯示，百分之七十的用戶從來不打諮詢電話，而另外百分之十五的客戶卻帶來百分之七十的電話。

　　對大多數的軟體客戶來說，打電話給微軟公司的客戶服務專線是最後一個選擇，微軟公司認為，只要能夠徹底了解這些人的需要，徹底解決他們的問題，就可以減少諮詢電話的數量，微軟公司以繼續不斷地改善產品的方式，推出更簡化、更優良的產品，他們除了提供完善的使用手冊外，最近還提供了電腦連線網路服務，同時還定期為電腦零售商、具有使用經驗的電腦客戶舉辦培訓課程和講座等，為客戶提供全套的免費服務。

　　除了客戶的諮詢電話外，微軟公司也以其他的三種方式與客戶交換意見，提供產品的使用諮詢服務，這三種方式是：

- 客戶服務工程師使用系統
- 電話自動回答系統
- 自動通訊系統

　　微軟公司以這三種系統，為客戶提供各類的服務，不但效率更高，花費更少，而且更能夠針對用戶的意見，提出解決的辦法。為了提高電話諮詢小組的運作，微軟公司在一九九一年的時候，特別由六名經驗豐富的產品售後服務技術人員組成了一個產品質量、服務改進小組，負責管理、監視售後服務專業人員的工作態度，並且負責從客戶打來的電話中收取、分析客戶的意見，並直接將客戶意見轉達軟體開發小

組。

　前面已經提過，客戶意見反饋有助於改善產品，但是微軟公司每天面臨的挑戰之一就是如何應付、整理每天從各種渠道湧進的客戶意見反饋，如何揀選這些意見、去蕪存精，這些也都是一門學問。

　微軟公司為了能夠更充分分析客戶的意見，他們在一九九一年的時候成立了一個「改善產品質量小組」，由六名經驗豐富的產品售後技術服務人員組成，每人負責一項專門的產品，並由他們每天指派專人過濾、整理客戶的反饋意見，然後把其中有價值的傳到各部份有關的生產小組，最後由生產小組的軟體開發工程師決定取捨，只要處理得當，這些用戶意見反饋可以幫助軟體開發工程師解決問題的先後次序，針對客戶的建議，將產品做得更完善，更能配合用戶的需要。

客戶意見調查工作

　微軟公司除了利用上述的各種方法為客戶服務外，他們每年還進行廣泛的用戶意見調查，其中包括對客戶的使用活動以及實際應用的調查，並對正在開發的軟體功能進行測試，這一類的調查工作稱為「使用性能實驗室分析」，這個實驗室的主要工作是：測試客戶對新產品的反應，然後將測驗的結果融會到產品的開發過程中。

　微軟公司在這方面作得十分成功，在軟體的開發過程中，同時進行客戶意見調查，產品開發小組能夠從用戶方面獲得相當重要的資料，微軟公司開發產品的策略是：不但在產品開發之前先作研究，在產品上市之後立刻改進，而且在

產品開發之中,就已經調查了用戶的意見,並將之融會貫通。

在目前的情況下,微軟公司每年花在產品售後服務客戶滿意服務上的費用高達五十萬美元,除了上述的服務辦法外,每年還僱請外來的公司從事調查的工作,其目的是以更客觀的方式,分析、總結用戶的具體建議,軟體開發工程師應該如何配合用戶的具體需要,才能長期保留住客戶。通常調查的對象是微軟公司的客戶和非客戶各一半,總人數超過一千人,調查的內容包括:

・對微軟公司產品滿意的程度
・產品生產廠商的意見
・對產品售後服務的滿意程度

一般的調查結果顯示,顧客在產品設計與售後服務方面,對公司的印象具有密切的關係,調查的結果,凡是對上面這些問題都表示滿意的,微軟公司就將這些客戶列為「安全客戶」,換句話說,這些客戶不太可能轉用其他公司的產品。

對於非微軟公司客戶的調查工作,則主要偏重於產品的品質和售後服務方面的比較,就以微軟公司的「視窗九五」和蘋果麥金塔的產品比較,就如上章所言,在產品相似的情況下,有許多客戶認為麥金塔電腦較容易使用,因此對麥金塔的滿意程度也比較高。

微軟公司僱用外來公司做客戶調查的另一個對象是:曾經給微軟公司售後服務部打過電話的客戶,他們每個月會收集一次這個月累積的資料,進行全面的分析工作。他們一般採取的辦法是:以電話問卷的方式,每次對一小部份客戶進

行大約二十分鐘的問卷工作，問卷的內容多半是針對產品售後服務的內容而發的。

這些種種調查的結果證明，微軟公司所作的努力已經奏效，過去的調查顯示，客戶滿意的程度較低，但是根據一九九五年的調查顯示，有百分之七十八的客戶對微軟公司的產品和售後服務相當滿意，百分之六十四的客戶表示會再購買微軟公司的產品，百分之六十一的客戶表示會向他們的朋友推薦微軟公司的產品，百分之五十四的客戶對產品使用性能十分滿意，至於可以列爲「絕對安全」客戶的則佔百分之四十一。

七、網路激戰與聯盟策略

　　網路資訊業正積極地邁向國際化的道路，激烈的競爭使資訊服務業變成一項熱門的產品。因為資訊服務業科技的興起，特別是國際網際網路的普及，人類思惟、工作的方式開始改變了，不論在工作場所、金融交易方面，甚至在國際政治世界舞台上，由於網路的四通八達，不但改變了人類的生活形態，而且也改變了社會的組織結構，工作人員不必到辦公室上班，依靠裝在電腦裡面的數據器（Modem），利用電腦、電話和傳眞機就可以恣意在「資訊高速公路」行駛，沒有塞車、趕車的問題，就能夠達到辦公的目的，既省時、省力、省錢、又省地方，由於資訊高速公路的存在，「去公司上班」的觀念已經逐漸打破了。

網路服務的新天地

　　一九九六年的多天，當美國東岸和中部發生打破記錄的大暴風、大暴雪的時候，飛機班次紛紛取消，公司行號也紛紛關門，但是對某些上班族而言，並沒有構成太大的威脅，他們不必開車上大雪封閉的高速公路到辦公室上班，他們以個人電腦、筆記型電腦、數據器和傳眞機等，利用資訊高速公路上班，照樣按時交差。

在金融方面，傳統的金融交易方式將逐漸為「電子數字金錢」所取代，世界金融界每天通過電腦網路交易的資金達兩兆美元，「全球經濟」不再是經濟學上的名詞，而是確實存在的經濟實體，個人電腦客戶可以信用卡電子鈔票付費方式在電腦網路上購物，而加上密碼的電子支票也可以在網路上流通，這類電子交易的方式，改變了人類傳統支付支票，支付現金的付款、存款方式。

至於世界政治舞台方面，中國六四民運的擴大，蘇聯和東歐國家的迅速開放，都和電腦資訊的傳播和傳真機的使用有密切的關係，自由資本主義的社會與共產社會主義的社會，藉著電腦網路的連線，已經打破了彼此之間的藩籬，人類的思想和生活形態也逐漸趨於統一。

今天幾乎社會上的每一個層面，都因為電腦網路的存在而改變了人類生活的方式，蓋茲也曾說：國際網際網路對電腦軟體來說，真是沒有比這個更好的消息了。他認為由於電腦網路的廣泛使用，使個人電腦的用途更為擴大，對許多的電腦用戶來說，電腦已經成為更為有用的工具。

今天，微軟公司在網路連線和資訊革命道路上扮演的角色尤為重要，他們過去十數年來不論在公司決策與電腦軟體開發方面，一直處於世界領先之地位，雖然在世界網路的軟體開發工作較一些其他公司稍遲，但能立刻改變政策，急起直追，預料能夠再度處於領導網路軟體的地位。

國際網路的爭奪戰

　　當國際網路的爭奪戰剛興起的時候，微軟公司的主席蓋茲已經察覺到，微軟公司在國際網路的起步上已經較別的公司為遲，若是再不加入這條行列，國際網路將是微軟公司的致命傷，而公司的前途也將敗在國際網路上。一些後起之秀如逍遙通訊公司（Netscape Communications Corp.）和太陽微系統公司（Sun Microsystems Inc.）等已經逐步開始建立了國際網際網路之間的產業標準，例如在一九九五年十二月初，約有三十餘家公司其中包括著名的國際商業機器公司、蘋果電腦、矽谷圖繪等公司都一致公開發佈，表達同意以逍遙資訊公司和太陽微系統兩公司設下的網路標準作為未來產業開發的標準，這對微軟公司來說，無疑是一項極大的打擊。

　　微軟公司在過去十數年來，一直為電腦軟體業界的領袖，他們的產品設下開發電腦軟體產品的標準，這次微軟公司因為網路的產品而為別的公司奪下領先的地位，自然是他們不願意看到的情形，特別是當逍遙公司的創辦人詹姆士·克拉克事後曾沾沾自喜地對外發佈新聞表示：自從其他公司宣布將以逍遙公司的網路系統作為產業的標準後，這種網路新標準基本上完全攪亂了微軟公司一直搖搖領先的商業軟體地位。微軟公司在這樣的情況下，自然是不願意接受他們的「羞辱」，蓋茲已經立刻修書，採取亡羊補牢的策略，面對網路爭奪戰的新挑戰。

　　就蓋茲的國際網路觀而言，他認為全球性的國際資訊網

路雖然具有極大的發展潛力，但是就目前開發的狂熱情況而言，則或許有些過分，現在有無數的公司競相追逐這方面市場，就好像一個地區只能夠容納五到十家的購物中心，但是卻有成百上千的建築公司競相建築購物中心一樣，並不是每家公司都能夠成功的。

根據美聯社的調查報導，目前約有一千萬到兩千萬的美國客戶使用國際電腦網路，主要是經由學校或工作場所的電腦網路使用，大約有一百萬人在家中利用電腦聯線服務公司的收費服務使用國際電腦網路。

微軟公司在連線網路服務方面起步要較其他連線服務公司稍遲，目前正在急起直追，自一九九五年九月提供電腦網路連線後，目前約有五十三萬訂戶，最近逍遙網路資訊公司宣布將與擁有第二大客戶市場的電腦服務公司（CompuServe）公司攜手合作，雙方同意由電腦服務公司提供逍遙網路四百萬名客戶免費使用他們的網路連線軟體，而逍遙網路則同意讓電腦服務公司客戶免費使用他們的國際網路。

另外，逍遙網路公司也計劃與目前擁有最多網路客戶的美國上線公司（American Online）提出類似的合作計劃，讓五百萬美國上線公司的客戶使用「領航員」（Navigator）的軟體，領航員是目前最常用來瀏覽國際電腦網路的軟體，這對微軟公司來說，無疑的又是一項大打擊，企圖遏阻微軟公司獨霸天下的野心。然而，沒有多久，美國上線公司又於一九九六年三月十二日宣布將在與微軟公司結盟，與微軟公司化敵為友，結為伙伴，以「探險家」（Explorer）的瀏覽軟體為主，顯示微軟公司在電腦網路爭霸戰中，或許有

後來居上的優勢。

　　目前，逍遙網路的領航員約有二千萬名用戶，而微軟公司新近推出的國際網路探險家在一千九百萬視窗九五的用戶中，約有六百三十萬個用戶。由於逍遙網路以贈送方式大量推廣領航員，企圖控制國際網路的瀏覽市場，這次微軟公司與美國上線公司結盟，將使未來網路的爭霸戰越演越熱絡。

　　當美國的軟體開發公司與網路服務公司進行市場爭奪戰時，美國電話電報公司（AT&T）也在這時悄然地進入這方面的市場，他們在一九九五年底宣布，自次年三月起，將爲他們長途電話用戶提供全球資訊網路的免費軟體，每個月可免費使用國際電腦網路的全球資訊網路五小時，爲期一年，若是每月使用的時間超過五小時，則每月只要付二十美元，用戶就可以無限制的使用全球資訊網路，較其他電話公司提供類似的服務低五元，他們主張電話公司供應電腦網路服務就應該像水電公司供應水電服務一般，美國電話電報公司這樣的作法，使國際電腦網路更進一步邁向大眾傳播的主要媒體，而不像過去一樣，僅是一種傳遞聲音的工具罷了。

　　當一九九六年二月二十七日，美國電話電報公司宣布正式爲該公司的長途電話用戶提供國際電腦網路的服務以來，反應的熱烈，遠出乎該公司的意料之外，到三月中旬止，不到一個月的時間，就已經有二十一萬兩千名顧客索取啓用這種定名爲「世界網」（Worldnet）的免費軟體，超過公司預期的四倍以上，若以目前這樣的速度成長，以現在美國電話電報公司在全美國約有九千萬名的客戶的基礎計算，其「世界網」的電腦網路用戶，其數字也不可忽視。

　　然而美國的電話公司加入國際網路服務的公司尚不止於

此，自從美國電話電報公司宣布上項的網路服務後，不到三星期的時間，在長途電話業務宿為美國電話電報公司勁敵的MCI通訊公司，這時也積極加入國際網路服務的行業，他們在一九九六年三月十八日正式宣布，他們的國際電腦網路已經擴充到目前的三倍，並且將為客戶提供一個月五小時免費使用這個網路的服務，到五月底止，若是每個月只付十九點九五美元，就可無限制地使用這個網路服務。

就目前的網路市場觀察，從上面的實際例證觀看，國際電腦網路已呈現爆炸性的成長，成為全球資訊科技最受矚目的焦點，當美國電話電報公司和MCI通訊公司幾乎在同一時間內同時宣布這項新增加的網路服務後，其他數以百計的資訊服務小公司莫不憂心忡忡，認為對他們這些小公司構成了莫大的威脅，而對微軟公司素欲獨霸國際網路市場的雄心，無疑的，也造成了相當大的打擊，根據美國「新時代媒體基金公司」所作的調查表示：如果我是一家國際網路上線服務公司的老闆，我一定會趕快設法退出這門行業，因為財力雄厚的美國電話電報公司和MCI通訊公司已經進入這門行業了。

電話公司加入電腦網路服務的作業，相同的，以電腦網路起家的電腦服務公司也不甘落後，他們在一九九六年的三月中旬宣布，該公司打算在兩個月內，提供電話傳送服務，客戶不需花任何費用就可透過國際電腦網路打電話，他們目前正與以色列的「聲音電話」公司開發「國際電腦網路電話」軟體，這種軟體能夠把聲音、對話轉換成數據訊號，然後透過網路傳送，在另外一端的電腦會把數據訊號還原為聲音。以電腦打電話，這尚屬新鮮事，不過從技術、理論來看，

這事絕對可以做到的。根據微軟公司的內部人員表示，微軟公司目前也正在積極地開發這一類的語音軟體。

一九九六年二月八日美國柯林頓總統簽署通過了國會的「電訊改革法案」，否定了以往電訊業反托拉斯的裁決，改寫了美國通訊業的歷史，從此地方電話、長途電話和有線電視公司之間的障礙將完全解除，過去不可跨越籓籬的限制也將不存在了，將來的通訊世界是一個「零障礙的數據化」天地，而由於未來電話公司、電視公司與電腦軟體和衛星電視公司的組合，國際網路的全面組建將使資訊高速公路的遠景更提早一日實現。

網路服務公司的新勁敵

微軟公司的勁敵，逍遙網路資訊公司，自一九九四年年中股票以每股美金二十八元上市以來，十五個月內，股票最高達美金七十五元左右，逍遙網路股票的趨勢正代表了未來資訊企業界的走勢：數據化的網路通訊方式將主導未來藍籌股票的走勢。

逍遙網路資訊公司最近宣布推出一種商業用國際網路新產品，是改進原有的網路主流電腦系統，這套新軟體能夠使公司行號直接與世界網路聯線，而價錢要比原來的便宜許多。另外，他們也計劃推出一套重新組合的新產品，稱為「內在網」（Intranet），客戶以大型的公司為主，使他們能夠使用國際網路就如實質上的電腦網路一般，它們的好處是能夠與國際網路的主流軟體「爪哇」電腦程式語言系統配合使用，但是微軟公司的軟體卻與「爪哇」系統不相容。這兩項

新產品的名稱分別是：

1.快軌主流電腦系統（FastTrack Server），個人和小型企業使用的電主要是腦系統，售價為兩百九十五美元左右，取代原有的通訊主流電腦系統（Communication Server），原來售價為四百九十五美元左右。

2.企業主流電腦系統（Enterprise Server），主要的用途在商業方面，售價為九百九十五美元左右，可以取代原有的商業主流電腦系統（Commerce Server），原價為一千二百九十五美元左右。

前者將直接與微軟公司開發的國際網路資訊主流電腦系統競爭市場，目前微軟公司為吸引用戶，免費贈送給客戶使用，但是逍遙網路公司認為，為了使用微軟公司的軟體，客戶還必須購買其他的軟體配合使用，例如視窗NT，和微軟公司的連網操作系統，不如逍遙通訊公司的產品，可在任何操作系統上進行，因此產品的品質較佳，而從整體運作上看，也比較便宜。

另外逍遙網路公司還計劃推出一套包括「企業主流電腦系統」在內的「公司套點」（SuiteSpot），主要的目標在奪取微軟公司目前擁有的大部分市場「後間辦公室」（Back Office），估計擁有一千名員工的公司裝置「公司套點」僅需花三萬三千美元左右，而採用微軟公司的「後間辦公室」則要花上十七萬美元左右，約為前者的五倍以上。

這兩項新的產品將使逍遙網路公司繼續保持在國際網路企業界領先的地位，根據專家評估，這兩項產品將領先微軟公司六至十二個月之間，這也正是微軟公司目前急起直追的

領域。

微軟公司面對網路挑戰的新策略

　　蓋茲認知未來資訊業的走勢，以及微軟公司這個致命的弱點之後的，立刻宣布改變公司經營的方針，重新改組公司內部的組織，增加網路產品的研發費用，以積極開發國際網路的新產品，他們採取的新策略有：

　　1.增設網路部門，在一九九六年二月中旬左右，微軟公司宣布增設「網路論壇和工具組」，並由具有「視窗九五之父」美稱的斯爾維堡（Brad Silverberg）負責該部門，而公司未來開發產品的焦點也將與國際網際網路有關。

　　蓋茲深信，自個人電腦普遍使用後，民間已經產生了電腦革命的趨勢，今後電腦資訊業的發展將依賴網際網路的發展，而網際網路也將成為個人電腦的靈魂。

　　2.大量增加公司的研發費用，從一九九五年的八億六千萬美元增加到一九九六年的十億美元，預計九七年度的預算將達十億五千萬美元，雖然並未明確指定公司將如何分配使用這筆費用，但是根據公司的備忘錄來看，開發網路的產品將是公司未來的主要目標。

　　3.積極開發新產品，為了面對網路時代的新挑戰，微軟公司除了採取上項的措施外，並積極開發網路軟體，除了「探險家」的瀏覽軟體外，尚計劃推出BV符號（VB Script），這套軟體類似「爪哇」電腦程式語言的功能，很容易在國際

電腦網路運作使用，另外，原擬定名為「黑鳥」的電腦作家程式語言軟體，原來計劃僅適用於微軟公司的網路系統，現微軟公司決定擴大使用的範圍，改稱「國際網路工作室」（Internet studio），是一種網路相容的軟體，另外他們的國際網際網路資訊主流電腦系統也將加入新版的視窗NT。

4.收購其他現有的公司，併入微軟公司旗幟之下，微軟公司在九五年十二月初宣布購買「爪哇」電腦程式語言，這種網路語言非常容易使用，能夠配合任何種類的電腦，成為電腦連線服務最熱門的軟體，微軟公司採取收購的策略，無疑的，微軟公司在開發電腦軟體聯線這方面，就不需經過開發研制的繁瑣過程，就能夠立刻搭上列車，搶先推出後來居上的新產品。

5.免費贈送微軟公司自己生產的網路產品，這樣做的目的在吸取廣大的客戶基礎，擴大市場的使用率，最後的目標是奪取市場的佔有率，目前微軟公司最近生產上市的瀏覽軟體「微軟網路」就是採取免費贈送這條路線，雖然逍遙網路公司也是免費贈送他們的瀏覽軟體，但是對他們的主流電腦系統則採取收費的制度，微軟公司能夠更進一步，對微軟公司的主流電腦系統也採取免費贈送的方式，同時他們下一步的策略是，在下一個版本的「視窗」和「視窗NT」中，一併收入這些網路軟體，估計目前約有一億個用戶使用視窗軟體，他們的客戶基礎絕非其他的軟體客戶基礎所能比擬。

6.微軟公司的聯盟策略，公司自一九九五年以來，便積極採取結盟的政策，與其他公司合作，共同開發產品以下便是

一些例證：
⑴微軟公司與修樂公司

　　微軟公司於一九九六年三月初宣布將與執印表機王國首
席地位的修樂‧派卡公司Hewlett-Packard（簡稱HP）合
作開發一系列的個人電腦產品，稱爲「修樂微軟小型企業中
心」，以小規模的企業公司爲主要銷售的對象。

　　修樂公司以電腦印表機起家，過去銷售的對象均以大型
的企業公司爲主，由於近年來，小型的企業公司迅速成長，
由研究報告顯示，這些公司在購買電腦儀器方面以實用爲
主，他們希望具有大型電腦的便利，但卻沒有大型電腦的複
雜性，同時，電腦公司提供售後服務對小型公司而言也是同
等的重要，這一系列的電腦將裝備微軟公司的軟體配件，如
視窗九五、微軟網路探險者、微軟辦公室、和視窗九五職業
版等，另外還將包括微軟書架九五、電子參考圖書館等參考
資料。

⑵微軟公司與直接電視企業公司

　　微軟公司與衛星廣播系統直接電視（DirectTV）在一
九九六年二月表示，將共同合作開發產品，預計在一年內開
發出以數據傳輸娛樂和資訊方式的個人電腦。

　　直接電視屬於通用汽車公司的一部門，目前以十八英吋
的衛星碟提供一百七十五個頻道，內容以娛樂、運動、音樂
和資訊服務爲主，客戶達一百三十萬戶，兩家公司結盟後，
擬以數據傳輸方式發展新型式的雙向互動電視，可使用一般
的電視或是個人電腦接收節目。

⑶微軟公司與國家廣播公司

　　一九九五年十二月中旬的時候，微軟公司與美國國家傳

播公司NBC達成協議,將以五十億美元購買國家廣播公司的節目,並將這些節目輸入其電腦網路,把新聞和各種節目搬上電腦,人們只要打開電腦就能夠收看各種節目,包括電影、電視節目、現場轉播、體育新聞、國際和國內的新聞,另外,微軟公司並計劃在有線新聞網路投資一億美元,以電腦網路取代傳統的電視機。蓋茲表示:該公司將來將從電腦的內容獲利,而不僅是在銷售電腦軟體上賺錢。

(4)微軟公司與電話公司

　　微軟公司計劃與大部分美國境內的電話公司、二十餘家通訊硬體製造商,和數家國際網路服務公司結盟,希望共同發展出一整套高速整合服務數據網路軟體 (Integrated Services Digical Network簡稱ISDN) ,這套系統資訊傳輸的速度約為目前的兩倍。蓋茲說,美國境內雖然有些地方已經使用這套系統使用了好幾年,而在國外也很通行,但是就美國大部分地區而言,由於裝置的複雜性、政府規章的繁瑣性,以及價格昂貴,一直到現在還是不太普及。

　　微軟公司計劃以視窗九五作為開發這套系統的基礎,當配合個人電腦使用時,數據化的電話線可加速資訊的傳達,應用簡化的影像電話會議,並以快速傳播的方式呈現國際網路圖表,到目前為止,全美國約有五十萬電話客戶採用這類的服務、微軟公司希望在不久的將來,能夠使這類的通訊方式更為普及。

(5)微軟公司與「進步網路」公司

　　為了早日達成個人電腦與聲音和影像的結合,微軟公司在一九九六年初決定與西雅圖的進步電腦網路結盟合作,他們計劃推出的行業軟體標準稱作「行動電影流展形式」

（Active Movie Streaming Format），可以將記錄下來的音樂會或是某要人的演講在國際網路以錄影帶的方式重播，但是不需要錄影帶。微軟公司計劃在未來世界網路使用的國際網路「探險家」即包括這一類「眞正音響服務器」軟體，微軟公司計劃將來專門生產這類的軟體和工具，讓其他電腦製造商能夠運用這類的軟體和工具，以開發一種新式的數據化衛星傳播個人電腦，而其他的電子公司也可運用微軟公司的這套新工具生產未來多媒體個人電腦的直接電視。

(6)微軟公司與任天堂

　　自一九五五年起，製造傳統使用的電子遊戲製造商，在市場行銷的比例方面已逐漸輸給個人電腦製造商，個人電腦遊戲製造商在一九九五年一年佔有的市場比例達百分之二十三，在九四年，僅有百分之十三左右，一年的成長率約爲百分之十，當視窗九五上市後，它的操作系統使個人電腦在電子遊戲的操作上更容易，因此就電子遊戲整體企業而言，電子遊戲本身的銷售率在九五年一年下降了百分之十二，但是傳統使用的電子遊戲機則下降了百分之三十左右，個人電腦有逐漸取代電子遊戲機的趨勢。

　　任天堂是電子遊戲業的霸主，他們希望這只是一種短暫的現象，畢竟微軟公司的視窗軟體並不是針對電子遊戲市場核心的「甜點」而製作的，換句話說，也就是針對十多歲的青少年而寫的，不過微軟公司的軟體，毫無疑問的，已經對電子遊戲市場構成了極大的威脅。

(7)微軟公司與新力企業集團

　　日本新力企業集團於一九九六年三月底宣布，將開發出一套電腦軟體新操作系統，目的不在與微軟公司競爭個人電

腦軟體的市場，他們的目標放在與電腦、聲音和影像配合的電腦網路市場。

目前個人電腦的操作系統大約有百分之八十為微軟公司所控制，據新力公司的技術主管人員表示：個人電腦正逐步走向聲音與影像結合的系統邁進，但是以「辦公室」為主的電腦操縱系統仍舊不夠理想，而目前急速發展的國際網路市場也為這套新系統提供了新的機會。

微軟公司事實上目前也正在發展這一類的操作軟體，並且已經開發出一套與互動電視相配合的軟體，計劃與日本的NEC公司配合行銷世界。

新力公司的產品以音響和影像的產品暢銷於世，計劃與英代爾公司合作，於明秋推出一系列價廉的個人電腦，第一批的產品仍將採用微軟公司的操作系統，但是公司希望在明年度，能夠以具有更新的機器，更清晰的聲響，更明顯的影像的產品吸引顧客，新力公司雖然沒有明白指出新操作軟體的細節，但是根據軟體分析師的看法，很可能是指「阿伯託思」（Apertos）系統，這套系統的核心僅需要極少數的記憶體儲存資料，因此對一般消費性的電氣用品十分合適。

日本新力公司自一九八〇年代起就與東京大學合作，希望能夠開發出一套電腦微處理和操作系統，這個企劃案稱作「窗」（TRON），但是一直未能開發出令人滿意的產品，今天這電腦操作系統仍舊是微軟公司產品的天下。

(8)微軟公司與英代爾

微軟公司與電腦微處理器製造大廠商英代爾在一九九四年四月發布：兩家公司將合作生產一種產品，使不同電腦硬體使用者能夠享用影像、聲音和資訊的產品，他們的目標是

要讓商業用戶能夠在國際電腦網路上打資訊會議電話，連帶傳播影像和聲音，而學生可以藉國際電腦網路收看教師教學的現場，使用的教學資料等，不同的電腦之間，例如蘋果麥金塔電腦和使用視窗的個人電腦也都可以進行影像和電話交談。

(9)微軟公司與美國花旗銀行

美國花旗銀行是美國發行最大的信用卡公司之一，最近與微軟公司簽訂一項全球聯盟計劃，希望能夠應用微軟公司新軟體的產品，改進美國花旗銀行信用卡國際網際網路付帳的安全性，預計在九六年的下半年開始使用。

美國花旗銀行的信用卡客戶能夠使用微軟公司的軟體，保障電子金融服務業務的安全，一般客戶不願在網際網路上使用信用卡，是因為恐怕信用卡的帳號為他人竊用，微軟公司開發的「安全電子交易草約」軟體能夠讓客戶以密碼方式與接受美國花旗銀行信用卡的公司行號直接交易，另外若有商家想藉美國花旗銀行國際網際網路的服務，直接向該銀行信用卡客戶推銷產品，則不需另外收費，可降低售價。這類的服務不僅能在美國本土使用，而且通行全球。

微軟公司挾著公司強大的財力，採取以上聯盟結友的策略，表示微軟公司在開發網路服務方面產品的決心，企圖以後來居上的姿勢重振商場上的威風。

微軟公司成功的祕訣之一，就是不讓市場的走向操縱公司的業務，而是以公司的業務操縱市場的走向。

網路連線和資訊高速公路

　　蓋茲認為，未來的世界將是一個以國際網路架設資訊高速公路的世界，微軟公司的軟體設計工程師曾經設計一種名為「智能」的傳真和電話機的系統，希望能夠改進目前的網路通訊器材，而其他的軟體生產公司也正在努力改進現有的通訊設備的功能，一般的通訊設備包括電話、傳真、有線電視和家庭電子遊戲等，但是經過試驗的結果，要使電腦能夠接聽電話、自動發送傳真或是點播家庭電影，要比讓電話、傳真機或是有線電視同時進行文字處理、圖表計算或作其他個人電腦能做的事要更容易，而且造價方面也更低廉，因此未來的資訊高速公路必是不能脫離個人電腦的功能。至於新型的家庭電子遊戲機現在也越來越普及，將成為資訊高速公路不可或缺的一部份，此外要擴充家庭電子遊戲機的功能也不難，很容易加入一些類似個人電腦的功能，微軟公司在一九九四年宣布與Saga合作，開發電子遊戲機的控制軟體系統，以擴展微軟公司在電子遊戲軟體的功能。

　　由於微軟工程師的行政人員和軟體設計工程師都認為，個人電腦和家庭遊戲機這一類資訊高速公路必備的機件會越來越普及，因此他們十分重視能夠將一系列消費市場所需的技術，融合到個人軟體的市場。

　　蓋茲本人對未來資訊高速公路的發展深具信心，微軟公司在他的主導之下，不斷地開發這類的產品和新技術，而公司的管理階層除了負責督導這類產品的開發外，還與其他的企業公司進行合作等事宜，在有利的情況下，甚至進行收購

或是兼併其他的小公司，這些舉動代表了微軟公司積極向新
市場推進的目標，蓋茲認為微軟公司經過多年的努力，已經：

- 逐漸累積了可觀的開發和推銷基本多媒體應用軟體的
  經驗
- 累積基本有關的網路系統和資訊軟體方面的資訊，以
  便將個人電腦及其他的設備與資訊網路相配合
- 逐漸將多媒體和網路的操作系統和功能，加進現有的
  控制系統和有關的應用軟體，可以藉此為基礎，把已
  經建立的客戶基礎吸收到資訊高速公路的新產品上來
- 公司在財力方面有能力購買各類的娛樂產品，如電影、
  美術或是電影等的放映權

　　微軟公司在這種有利的條件之下，正積極地推出有關資
訊高速公路多媒體產品和電視雙向服務的產品，並以公司經
營的慣例，將產品集中化，利用電腦網路和有線電視、電話
等工具，提供給微軟公司千百萬以上的軟體客戶。

　　隨著電腦硬體的開發，在美國一個國家內，估計將有一
億用戶的家庭電腦已經與所謂的資訊高速公路連線，而要開
發全套資訊高速公路的費用很可能高達一千二百億美元，目
前還沒有投資家或是團體願意投資這麼大的資金去建設這套
網路，除非能夠保證這套系統能夠開發成功，而且將來也能
夠從用戶身上收取足夠的費用，就像現在的有線電視，每個
月固定收費，使資訊網路成為一種賺錢的工具。有一些著名
的投資家雖然具有雄厚的資本，但是由於本身並不了解電腦
或是使用電腦的好處，或是本身根本就拒斥高科技，因此不
願意在有關高科技方面的產品上投資，像這一類有財力的投

資家，一旦了解電腦的好處和使用的便捷，算定投資的回報比率，他們就會很樂意投下這一筆資金。

由於微軟公司的開發基金雄厚，在與資訊高速公路有關的產品已經投下了巨額的資金，而微軟公司在目前的階段也已經逐漸實現了其中一部份的產品，例如他們於一九九五年夏季推出的視窗九五就是最好的例證之一，視窗九五除了文字處理、圖繪計算等多種功能外，還具有與微軟公司網路連線的功能，客戶只需要一個數據機，一條電話線，有時只需一具有線電視就行了，這種產品與其他資訊開發公司共同開發的網路服務或是目前市場上的產品不同，微軟公司開發的系統簡便，價格低廉，每月約為美金五元，為競爭對手的半價，而每分鐘的收費也很低廉，或以計劃項目收費，功能齊備，使用簡單，服務的項目除了電子郵件、國際網際網路外，還有可通達多數其他網路服務的系統，預料將受到市場上的歡迎。

過去數年來由於電腦通訊網路的迅速成長，相信將來必有許多投資家願意在架設資訊高速公路上投下大筆的資金，而從目前的走勢觀看，未來國際網路市場的競爭也將更為激烈，世界上大規模的電話公司會爭相進入這門行業，造成價格下降的情形，同時電腦網路服務的項目也會增加，更容易使用，包括的題材和範圍會更廣，當資訊高速公路全面發展之後，一般家庭使用的網路會與商用性質的網路相互聯線。

資訊高速公路和下一次的革命

電腦的造價日趨便宜，幾乎成為生活不可或缺的一部

份，蓋茲認爲我們人類目前正站在另一個革命的門檻上，這一次革命所涉及將是前所未有的資訊交流，而全球上所有的電腦都將聯合起來，形成一個全面的網路，在交換資訊上能夠暢通無阻，不但能和我們交換資訊，而且還能夠爲我們交換資訊，達到真正資訊高速公路的境地。

從另一個角度看，蓋茲認爲資訊革命事實上已經開始了，但是還要經過十數年的光陰才能完成，目前資訊網路新的工具已經不斷的產生，因此在未來的數年間，不論是公司、政府或是個人都必須共同決定人類文明未來的走向，不論決定是否得當，這些決定也都將影響人類未來資訊高速公路的命運，若是決策得當，那麼你我都將蒙受其中的利益，而且受益匪淺。

蓋茲認爲「高速公路」這個名詞用得並不太恰當，高速公路代表的是從一站到公路的另一站，但是藉著電腦網路在資訊高速公路行駛，則完全不受限制，沒有距離的差別，不管工作的地點是在隔壁的工作室或是在半個地球之外，在資訊的流通上，是根本不受任何限制的，沒有時間的差別或是地區的不同。

就資訊高速公路的整體概念而言，或許使用另一個比喻會比較恰當，資訊高速公路網路就像是一個大市場，最終的目標在成爲一個全球性的百貨公司，身爲社會動物的我們，不論是銷售、交易、投資、議價、學習、爭論、交朋友等方面，都可以在網路上進行，凡是人類的所有活動，從百億元的股票交易到交友情話綿綿，都可以在網路上進行。

資訊高速公路的終點站就是未來所謂的「世界市場」，市場裡什麼都有，有各式各樣的商品，有各種題材的電視節

目，未來的電視節目會按照目前的方式同時在各地播放，但是一旦播出後，這些剛播出的節目和其他一些已經播出的節目，可以隨觀眾的要求，在觀眾自家的電視機上播出，不受時間的限制，也不須要事前錄影，達到「隨點隨播」的便利。

　　未來的電視機在外表上還是會跟現在的外表相似，不會有什麼大的改變，但是內部會增加許多電子板路，類似個人電腦的內部結構。

高速公路電子企業界的效應

　　由於電腦網路的配合，將來工廠企業界的生產量會有很大的改進，而人類工作的習慣也會逐漸改變，近年來，由於資訊業的發達，有許多大公司願意與雇員分享公司內部的文件，以提高個人的價值感，從而提高工作的效率，因此近年來，大公司紛紛安裝大型的電腦，雖然所費不貲，但是大公司的企業管理人員相信，分享公司內部的資訊能夠增加公司雇員的責任感，使每位雇員能夠針對個人的專長發揮所能，提高工作效率，增加公司的收入。

　　分享公司資訊最常見的方式之一就是安裝電子郵件，使用電子郵件的好處之一就是公司的雇員可以在自己方便的時候閱讀，而不需要在發出文件而自己正是忙的時候閱讀，不過電子郵件並不能完全取代電話，根據統計資料顯示，用戶有時候還是比較喜歡採用電話的方式傳達信息，能夠聽到對方的聲音，立刻取得答案，而不是以留言的方式傳達信息。

　　在未來資訊高速公路的世界裡，很可能在未來的數年內，一套混合使用的通訊系統將受大眾的喜愛，這套系統將

包括數據化同時語音資料（Digital Simultaneous Voice Data或簡稱DSVA），以及目前漸臻完善的組合服務數位化網路（Integrated Services Digital Network或簡稱ISDN），這套通訊系統能夠同時傳達資料、影像和語言，很可能在資訊高速公路完全搭建完成之前就可以使用了，這套資訊系統的功能或可用下面的例子作一說明：一個電子資訊購物公司可以將產品的有關資料發佈在國際網路之中，其中包括如何與該公司的營業代表取得聯繫等，凡是有關產品的任何內容，都可經由資料或是語音的輸入而獲得解答。有關這一點，在下章「未來的電子世界」中會作進一步的解說。

八、邁向未來新世界

　　微軟公司在公司發展策略上,總是以「著眼未來」、「策畫未來」作為公司開發的重心,未來公司發展的走向不外有二,一是產品,二是市場。一個公司只要能夠攻下商業陣地的這兩個堡壘,公司的財務收入必然滾滾而入。

　　前面幾章已經談過公司在發展產品和市場的策略,現在就略而不談,本章將以微軟公司的行政組織作為主軸,討論微軟公司如何佈置現勢,如何掌握目前所處的優勢,如何扭轉當前所處的劣勢,如何邁向未來的新世界

　　從目前電腦科技發展的趨勢來看,未來電腦世界的發展將更為複雜,許多電腦行家認為:

　　1.今後的個人電腦軟體,功能將漸趨複雜,對軟體開發公司而言,開發的難度將會提高,而且未來的新產品將會把過去各種單獨使用的應用軟體、控制系統、網路通訊產品聯合起來使用。

　　2.從使用者的角度來看,未來的個人電腦軟體,將來使用起來將更為容易、更可靠。千百萬家庭電腦的使用客戶將會越來越依賴電腦,以電腦進行各種各樣的日常活動。

　　3.由於軟體產品這樣的高科技市場每天都會發生變化,

目前很難預測十年後微軟公司是否還能保持世界軟體工業領導者的地位，是否還能夠保持市場的競爭性，同時將產品的競爭性擴展到網路服務或是多媒體出版發行業務等市場領域。

　　未來的市場難以確知，僅能夠根據目前的市場走勢判斷，不過有一點可以確定的，就是微軟公司決不會放棄任何競爭的機會，除了盡量掌握現有的產品和客戶，同時還會繼續掌握產品的標準化、技術能力和組織人才資源。目前微軟公司所攀登的市場優勢是其他任何公司所不及的。

市場上的主要優勢

　　微軟公司是世界上少數幾家公司能夠充分利用完整的組織、多元性的策略、廣泛的人才、高度的效率、前瞻性的謀略、世界文化交流的機會，在二十年內發展成一個世界上最成功的組織企業之一。若以客觀的分析和觀察方式推就微軟公司成功的主因，關於企業本身，總結其成功的因素，可分為下列六點：

　　1. 微軟公司具有一特別傑出的行政主管和高級領導階層，比爾·蓋茲不但是一名傑出的電腦軟體專家，他還是一名很出色的企業管理專業人才，另外他的手下還有一批得力的「智囊團」輔助他的工作，而微軟公司的經理階層也深切了解電腦軟體技術和市場走向，並充分利用這方面的知識為公司創造利潤，他們的工作成績決不遜於其他成功的企業，他們建立了一個富有競爭性，又能適應千變萬化市場的龐大

組織。

2.微軟公司擁有大批經過精心挑選的專業人才，這批人才以超人的智慧、卓越的技術才能、豐富的商業知識著稱，這些人富於創業的精神，即使工作時間很長，超過每天規定的工作時數，但是他們多半能夠任勞任怨，同時這批人才來自不同的教育背景，使公司的人才文化更為多彩多姿，更具有開創性，他們能夠勝任不同的工作，並且還能培訓新人，在公司內部各工作小組之間，能夠充分發揮個人的才能。

3.微軟公司顯示了高度有效、富於競爭性的策略和組織目標，微軟公司人員從不墨守成規，公司的上下人員信奉一條教規，就是為用戶提供最有價值的產品，產品的卓越性才能使公司在消費市場上站穩腳跟，進而為公司帶來豐厚的利潤，微軟公司的產品同時還能夠適應市場的任何變化和需要，能夠在競爭對手的產品上市之前就推出產品，他們還知道如何樹立行業的標準，開發新市場，同時他們還能夠保住老客戶，爭取新客戶，以電腦產品的主流作為開發的目標。

4.微軟公司在產品開發程序和組織結構發展方面，採取靈活機動，漸進向上的手法，微軟公司的產品研制系統使生產小組和軟體開發工程師根據客戶的需要，修改產品的設計和規格，而公司在結構組織方面也具有彈性，因此能夠在不同的市場層面周轉自如，如果技術問題或是市場情況發生變化，主管經理可以隨時調整工作人員和組織，而整個公司在產品項目和人事組織方面，盡量排除官僚主義的作風。

5.微軟公司能夠將高效率和同步工作的能力結合起來，

以配合開發程序和其他的規程，在這樣的一個生產組織下，儘管微軟公司的產品售價低廉，但是利潤仍然相當可觀，微軟公司多年來累積了相當豐富的產品開發和測試的經驗，使在各種不同的產品間，可以互相使用共同的開發工具，如此降低了生產的成本，而且在他們眾多的產品中，又能充分配合市場的趨向走勢，使批發商和零售商市場爭相介紹、推銷他們的產品。

豐厚的利潤帶來豐厚的研究開發基金，同時各個分部小組共同使用一個中心性能的實驗室，使培訓工作和售後服務能在統一的步調下進行。公司每天接到的諮詢電話還為公司提供了一個絕佳的意見反饋渠道，公司提倡具有彈性和高效率的工作方式，將許多類似的工作安排在同一時間內進行，各個分部小組之間的責任範圍，都有重疊的部份，並將工作任務分配到多功能的工作小組上。

6.微軟公司員工素來有自我批評、學習和改進工作的作風。產品開發小組常常研究過去產品的優點和缺點，從中吸取經驗，不斷改進，公司還特別注意客戶反應的意見，從客戶的批評和建議中進行資料分析和過濾，並且及時迅速地反應給生產部門，並以數據衡量的方式去分析市場、了解產品和客戶的需要，而產品開發小組不斷尋求精簡、高效率的生產途徑，在技術上互相交流，開創一致性的產品，以樹立公司的信譽和公司整體的形象。

微軟公司的工作人員從不怠懈，他們不論是開發新產品，追求新市場，他們從不自滿，「邁向未來」是微軟公司自一九七五年成立以來一向追求的目標，也可以說是公司努

力方向的寫照。從公司的創始人開始，他們一直都緊跟著新產品和市場的潮流，在許多的情況下，甚或打開新產品和新市場的新領域，目前微軟公司正在積極開發多媒體出版工具，雙向互動電視，以及其他與資訊高速公路有關的新穎產品和資訊服務業時，一般市場觀察家相信，微軟公司仍會以超前的眼光，看待未來的產品和市場問題。

產品的開發是一個人為的研究成果，是一個公司經營發展的核心，微軟公司在這方面能夠這麼成功，是因為公司的雇員都能充分利用其技術才能和有利於競爭的市場知識，集思廣益，將新看法和新技術具體實現出來。本書已經花了相當大的篇幅討論微軟公司開發產品的策略和原則，由於策略和原則運用的成功，不但使公司能在競爭激烈的電腦軟體業生存下來，而且日益繁榮，為公司和個人帶來巨大的財富。

面臨的難題

九十年代初期，若是微軟公司不能及時推出「文字」和「卓越」兩種軟體的新版本，然後能夠及時將這兩件軟體合併到「辦公室」的套件中的話，公司的財務收入將不敢想像，這些產品目前佔了公司銷售收入和利潤的一半，同時為了保持在控制系統軟體上的市場領先的地位，微軟公司必須從MS-DOS升級到「視窗」的系統上，目前微軟公司已經很成功地推出視窗的兩個版本，而視窗九五自一九九五年八月推出後，不到一年的時間，也成為最暢銷的軟體。微軟公司為了能夠繼續不斷推銷他們的軟體產品，因此也不斷地加進新的內容、加強新功能、推出新的版本。今天在微軟公司計

劃大量推出與多項媒體和網路通訊技術有關的消費產品時，它所面臨的問題有：

- 公司在產品開發方面，是否還具有開發的潛力？
- 是否還能夠研製出更多、更先進的軟體產品？
- 以電腦軟體為基礎的資訊服務領域內，是否能夠使產品更容易使用？更適合世界消費大眾的需要？

微軟公司在過去二十年來，在產品開發的潛能上，已經盡了相當大的努力，但是他們仍舊努力不輟，從公司的整體看，微軟公司的軟體開發機構是整個企業的核心，也是未來開發的希望所在，微軟公司在這方面已經顯示出許多的優勢，相信今後的前景將更為光明。根據過去，分析未來，電腦軟體業仍看好微軟公司的未來，主要是因為：

1.微軟公司的產品開發組織結構緊密，有效地體現了企業的競爭策略，產品的設計是以廣大的客戶需要為基礎，而且不斷地改善現有的產品質量，逐漸增加新功能，努力建立行業的標準，然後再利用這種優先的地位幫助新產品的推出，雖然新版本源源不斷地推出，但是客戶仍然願意花錢購買新版本，或是花點小錢使原有的舊版本升級。

2.產品開發能夠順利進行的主要原因是，由於微軟公司的工作程序、目標與傳統的理念思想一直是相互配合的，公司內部的分部經理和軟體開發工程師在測試產品的功能、分析客戶的使用意見方面，都享有較多的自由，公司強調的政策是由專家小組定出決策，以小組工作的方式分擔責任和協助工作，盡量減少官僚主義作風。一些老式的企業或許對這

種作法不以爲然，但是本書在前文中已經提到，微軟公司的特色正是在這種別具一格的生產程序，使個人和小組之間既能獨立工作，又能密切相配合。

3.微軟公司的文化是高效率與靈活性的配合，一方面提倡高效率的生產方式，一方面又提倡工作的靈活性，不但生產部門能夠隨時擴展產品的規劃，而且個人也能夠在產品研制的過程中，提出修改的意見，在整個公司範圍內，又有經過實踐證明是合理的生產活動。

在軟體生產企業界裡，產品的靈活性是相當重要的，這是因爲在開發任何產品之前，通常很難預料其最後的結果和客戶的反應，這就像是寫一本書或是拍一部電影對於讀者或是觀衆的反應很難預先料到，而且題材衆多，很難完全概括在內，同時市場的情況，廣告的推銷和客戶的支持等各種因素，都將影響書或是電影的成敗，不過一個企業組織所能做的，就是事先造成一個有組織的環境，爲產品開發工程師提供可以發揮他們創造力的條件，在這條件下，就必須要有良好的交流管道以及默契合作的精神。

4.微軟公司產品開發的程序包括了客戶的意見反饋，從而提升產品的內容，這一點可以從微軟公司對用戶活動和產品計劃的分析中明顯看出。微軟公司主要依靠售後服務資料決定研製某些軟體功能的先後次序，有些時候還會從這些產品中觸發新的設想，而微軟公司的分部經理和軟體設計工程師在進行產品試用性能試驗時，也充分體現了從學習中提升產品的傳統精神，在視窗九五和視窗NT上市之前，都需要經過廣泛的實地使用測試，在上市之後，開發工程師和測試工

程師又需要親自接聽用戶的電話，提供售後服務。

5. 微軟公司一向習慣於鬆散的組織結構，以小組的方式進行分部的開發工作，他們同步作業、穩定產品質量的開發程序是微軟公司能夠以更迅速、更廉價的方式推出新產品的保證。雖然微軟公司的產品很多，而他們的雇員卻能夠仍然以小型組合的形式，靈活地配合工作。一般企業界的分析師相信，在這個千變萬化的軟體產品企業界中，微軟公司只要隨著時代的變遷，在某些作法上稍作改善，今後他們在經營上可以繼續保持活力，持續領先的地位，並在未來推出性質更優良的產品。

同步工作、穩定質量的功效

在發展迅速、而且常常是秩序紊亂的軟體研製領域內，同步工作，穩定質量是成功的重要因素，在軟體開發的領域，需要具有某些特殊的工具與技術、嚴格的紀律、具有高度專業的知識而又願意遵守紀律的工作人員。微軟公司的整個開發程序和過程，有助於軟體開發工程師不斷地將個人工作的成果，匯合到集體的工作成果中，隨著產品功能的進步發展，同時還能穩定並且提高產品的質量。微軟公司別具一格的工作程序可總結如下：

1. 在軟體工業和其他的行業中，目前已逐漸形成一種趨勢，就是產品的開發已經不再是「流水作業」的方式，研究和測試產品等步驟，不再是單獨的，有明顯先後次序，一切按部就班的過程。相反的，正如微軟公司採取的方式一般，

不論產品的開發和測試過程都是同步進行，很多其他的活動也是同時並進。

2.微軟公司並不主張在產品開發程序開始之前，就把具體的設計和成份、規格都完全固定下來，公司的政策是允許開發工程師就實際情況增減某些內容，對測試產品設計的規格也具有相當的彈性，而不是按照原來設計的模式依樣畫葫蘆，在這樣情況下研製出來的產品才能真正配合市場的需要，正因為如此，微軟公司沒有具體規格設計或是訂製成文程序的步驟，雖然這種作法容易失之鬆散，但微軟公司自有防止失控的辦法。

3.微軟公司並不是將軟體產品的各項功能同時設計出來，而是將設計中的功能按照其重要性，分成先後次序，設訂三個到四個進度目標，然後再依照先後次序一一編寫出來，對於一些無關緊要的問題，在時間緊迫的情況下，也可以暫時捨棄不用。

4.微軟公司在盡可能的情況下，避免等到最後階段才把產品的各部份集中起來作測試的工作，而是以每日或是每週為進度單位，將個人或是小組的工作成績按照進度綜和起來，另外微軟公司也以軟體開發里程目標為衡量尺度，再將劃分出來的下屬項目，分作三到四個步驟完成。其他企業公司的生產程序，也有類似這樣的作法，不過微軟公司做得特別出色。

5.在開發軟體項目剛開始的時候，微軟公司的目標並不是想把產品的每項功能做得盡善盡美，特別是在研製應用軟

體時，公司會專門劃分出一段時間和人員，定下消除軟體主要缺陷的目標，若是某些功能未能按照原來的時間表設計出來，生產小組就會乾脆等到提升下一版本的時候加進去，對於一些不太嚴重的問題或是一時沒注意到的問題，也採取類似的態度，這樣做的目的在避免無休無止地修改、增加或是消除毛病的過程。

其他軟體生產公司也有按期推出新版本的作法，或以一年度為一單位，微軟公司也採取類似的作法，例如他們最近推出的「視窗九五」和「辦公室九五」就是以產品上市的那一年命名，不過既然以年分命名，對產品推出的時間表無形增加了壓力，換句話說，如果到時候拿不出產品的話，事情就更麻煩了。

6.微軟公司並不是等產品上市後，才收集和分析客戶的意見，在產品開發的整個過程中，開發工程師就不斷地將使用者的看法和意見編寫進行新開發的軟體中去，產品規劃開發的程序如此，而在樣品測試、使用性能實驗室以及產品推出前實地試用等各個階段內，都能堅守這項原則。公司內部每週給各個生產小組發送用戶諮詢報告，其內容或多或少都會影響到有關功能和設計的進行。

7.微軟公司雖然鼓勵在軟體開發的過程中，具有相當的彈性，但是並不允許軟體設計、開發和測試工程師自行其道，或是各自為政，微軟公司雖然沒有很嚴格的設計程序，或是必須嚴格做記錄，公司內部已經建立的一個傳統方式是，讓大部門具有小組工作的靈活性，由多功能小組進行軟體的開發工作。

大公司內的小組織

　　在許多大型的企業內，如何使大部門具有小組工作的靈活性，這是一個比較困難解決的問題。微軟公司同步作業、穩定質量的策略正好是解決這個問題的好辦法。從某些意義上看，這與技術和管理方面具有一定的關係，而這些經營管理的知識是在大學課堂學不到的，一般大學的科學研究項目幾乎都是規模較小，學生不是單獨工作，而是與小組的某些成員相互配合。但是唯有在真實的工作環境中，工作人員才會真正遇到人數多、產品內容複雜，而且時間又緊迫的情形。不論任何生產行業，最有效的工作方法，就是以具有特殊才能的工作人員組成靈活的工作小組，不論是編寫電腦軟體、製造汽車或是組合飛機都是一樣的道理。微軟公司和一些其他較年輕的企業在這方面為公司經營法樹立了一個新榜樣。

　　為了充分利用大公司內小組織的優點，微軟公司總是設法限制軟體項目的規模和範圍，他們具體的作法如下：

- ·項目規模和範圍限度──限制產品設計，人員編製和預定生產時間表。
- ·劃分清楚產品結構──按照功能模式，下屬系統和對象劃分。
- ·劃分清楚項目結構──各項產品的功能組合和項目進度表。
- ·小組結構和管理──具有多個高度自治和責任感的功能小組。

- 數條爲具體協調和同步工作而制定的嚴格紀律—每日編寫制度，不得使編程工作中斷的測試制度，設立工作預定目標，以及穩定產品質量的制度。
- 各功能小組和各部門之間良好的交流溝通管道—互相分擔責任，使用同一開發產品地點，使用共同語言，杜絕官僚主義的作風。
- 保持產品開發程序的靈活性，以適應意外情況的發生—包括規格、緩衝時間和程序方面發生的變化。

主要的弱點

就如其他許多的企業一般，微軟公司也存在著一些實在或是潛在的缺點，在某些方面，別的公司或許要比微軟公司做得還要好。在本書中，曾經提過微軟公司經營上的許多優點，但若是處理得不恰當，就很可能有變成缺點的危機，下面便是幾個實際的例子。

微軟公司在企業的組織和管理方面，雖然有它極成功的一面，但是也有一些值得商榷的地方：

- 即使是最有才智的行政主管人員，在知識和時間的持久性上，也有一些不足之處，另外也有一些微軟公司所不注意的地方。
- 以提拔技術人才爲主的辦法，造成了中層管理人員某方面的缺陷。
- 鼓勵「向錢看」，可能會抹殺一部份人的創造性。
- 由於各小組間的相互依賴性加強，很可能忽略了市場

的動向。

　　微軟公司主要是依賴蓋茲的領導才幹，公司的經營制度良好，主要是因爲蓋茲本人具有良好的經營意識，同時能夠藉著公司的聲譽招徠許多傑出的技術和行政人員，他並不像其他大企業的創始人，事事都想親力親爲，相反的，他只控制一些重大的決策，以及產品重要的關鍵部份，對於各部門之間的協調工作，他也充分發揮了他的才幹。至於蓋茲個人是否能夠長期繼續保持對廣泛的技術知識及新經營方式的了解，則尚待拭目以待。

　　在微軟公司創立之初，蓋茲能夠預見未來市場發展的趨勢，正確地預測了軟體消費市場的需要，在他的指導之下，微軟公司從簡單的程序語言、控制系統、到桌上應用軟體數種產品，一直是站在消費市場的領導地位，但到今時今日，他的競爭對手能力遠遠超過七十年代和八十年代的初期，到了九十年代，產品競爭的激烈更是無以復加，蓋茲和微軟公司的高級主管階層在軟體消費市場的領域，是否能夠在開發新技術和新產品方面繼續保持領先的地位，到目前仍舊是個未知數，不過從微軟公司新開發的網路新產品來看，他們很可能仍然保持相當程度的優勢。

潛在的危機

　　微軟公司在未來或可能繼續保持公司目前所處的優勢，但是其中也隱藏了許多的危機，以蓋茲本人來說，他固然是微軟公司至上的領導人物，他以他個人的影響力促使公司各

部門能夠相互合作無間，他曾經表示，他至少在未來的十年內，將繼續保持目前的職位，然後再考慮引退的問題，不論他的決定如何，他將繼續留在董事會上。若是他決定引退，在他身後必將形成一段真空時期，雖然年輕一代的管理人才大有人在，但是蓋茲的才能和遠見卻是很難取代的。此外還有一些潛在的危機可以下面幾點說明：

1.蓋茲和微軟公司已經將陣線拉得太長了，他們當初的本意是要打入軟體工業的所有領域，不惜一切代價搶佔陣地，他們以DOS向數顯研究公司，CP／M的生產製造商挑戰，以「卓越」軟體和「蓮花一、二、三」一決雄雌，以「文字」對抗「字善」軟體，「視窗」軟體是與蘋果麥金塔的軟體爭輝。在網路服務系統方面，微軟公司新推初的「網路」則與「視窗九五」並肩作戰。早些時候，微軟公司推出的「金錢」軟體則向Intuit的Quicken軟體挑戰，後來又打算以二十億美金的代價收購該軟體，由於美國司法部基於「反托拉斯」的考慮，反對這項收購案，微軟公司才知難而退，此處令人不解的問題是，蓋茲的公司為什麼不將「金錢」軟體做得更完善，而要花這麼高的代價收購競爭對手的公司和軟體。

2.微軟公司的另一失策之處就是中層領導人才的不足，公司提拔人才的主要依據是以技術方面的才能為主，而非在管理方面的建樹，結果在八十年代末和九十年代初期，一些年輕的軟體開發工程師著手管理了數百萬元甚至上十億美元的產品開發項目，其中有一部份人能夠勝任，但並不是所有的人都能勝任。微軟公司針對這個問題採取了三項的措施：

· 緩步進行，使管理人員能夠有更多的時間累積經驗，以及適應新的職責範圍。

· 在有需要和適當的時機，從其他的公司聘請具有經驗的管理人才。

· 注意培養中階層的經理人才，採用的辦法包括：定期舉行各種會議，利用休閒，培訓和課堂學習的機會，讓公司雇員能夠互相討論，交換經驗，交流信息，同時進行正式的管理教育。

此外公司還專門指定主管和各組織間互相學習，提高經驗，由此證明，微軟公司在這方面已經注意到他們的缺點，並積極設法補救這個問題。

3.微軟公司多年來，在招聘雇員時，強調的是具有為公司帶來利潤的專業人員，這些年輕的技術人員具有創見，並且具有良好的商業常識，這原是一件好事，但是微軟公司太過強調公司的利潤和產品的行銷性，結果公司的軟體開發部和研製部門集中了公司的精華人員，造成公司底部薄弱的現象，有關這一點，微軟公司尚待充實。

4.微軟公司各部門相互依存的關係密切，不同的產品小組形成一個整體的作業方式，這本是微軟公司文化的一部份，自有其優越性，不過，由於獨立的部門可以集中精力在一種產品或是一個競爭對手上，並且在開發產品的時候，可以自由安排人力資源和時間進度，因此若是要同時管理幾個項目就顯得比較困難，同時由於互相依賴的情況，容易造成遲延交貨等問題，在這一方面，微軟公司仍舊在摸索探討一

個更完美的制度。

5.有關微軟公司在管理人才和技術專長方面，也有四點值得注意的地方：

* 太多重疊的責任範圍，可能造成混亂或是浪費時間：公司內部具有重疊的責任範圍，在軟體開發和測試方面，固定有其長處，但在項目管理方面和產品開發方面，就很難確定相互重疊的責任範圍。

* 一邊工作一邊學習的方法，在許多較爲複雜的產品項目上，並不一定行得通：有關於微軟公司培訓雇員的方法，雖然盡量避免施與過多的正規訓練，而主要依賴具有經驗的工程師對新進人員施以言傳身教，但是在實際生產的過程中，這是一件相當花時間的工作，尤其在生產工作緊迫的情況下，就更顯得人手不足了，因此有必要爲新進人員制定一些工作指南和時間表。

* 反對所謂的官僚主義，固然有其長處，但是也容易走向極端，容易造成放縱的心態，以及重複測試的過程：重複試驗將重犯同一錯誤，微軟公司因爲反對官僚主義作風，所以不主張成立成文的規定，但這樣一來，很多本來可以從中吸取經驗和教訓的事跡，就因爲沒有記載下來，而引起人們的注意，隨著產品日趨複雜，單靠口頭的交流是不夠的。

* 在技術測試方面採取不以文字記錄的方式，在這情況下，若要保住已有的人才，這也是一件至關重要的事：由於上述的原因，若想在公司保留有經驗的雇員就顯得十分的重要，在一般的情況下，在微軟公司工作數

年的開發或是測試工程師，他們的存留率都比較高，
但是因為過度疲勞，產生厭煩情緒而長期休假的，其
比例也不少。

微軟公司有關開發產品和樹立標準方面的競爭，也有一
些特別薄弱的地方值得特別提出：

- 從逐步進行革新到大膽突破的轉折，並非易事。
- 以提升技術為目標，滿足用戶的需要，同時充實產品
  的功能，雖然同時兼顧不容易，但是要在三者之間設
  法取得平衡。
- 單獨追求內容的產品很難打進國際市場。
- 市場層面太廣，即使彼此之間具有密切的關係，也容
  易導致精神分散。

有關產品的定義和開發的程序，微軟公司和其他公司一
樣，在這方面應該注意的事項有：

- 以追求產品功能為目標的開發程序，可能造成產品功
  能過於分散，或是疏忽了產品層次結構的重要性。
- 開發產品的概念和功能應針對用戶的活動和需要而定。
- 允許產品規格作大幅的變動，將影響產品開發的效率
  和項目品質的管制。

上面已經提過，由於生產部門之間的互相依賴性太強的
話，將使項目管理工作難以進行，而在產品的開發和按時推
出產品方面也有三點缺陷：

- 在提高產品質量上，應利用如何設計覆核等辦法，從

根本上先「建立」高質量、高標準的產品，而不是經過摸索和「測試」的過程達到這樣的階段。

• 測試工作應該強調典型的用戶環境，並積極尋找產品的缺點。

• 有效地建立品質管制制度，提供可靠的統計資料和可靠的公司歷史資料。

從上述的這三點來看，可做進一步的分析和建議：

1.在開發產品和管理工程的領域中，應該事先「建立」高質量的標準，這與通過「測試」的過程達到高質量的標準有所不同，但是在軟體工業裡，這樣說起來雖然看似容易，但是做起來卻不是那麼簡單，因為不論設計工程多麼審慎，軟體產品總是會有一些潛在的問題和缺陷，只有在嚴格的測試下，才能夠顯露出來，或許採取折衷的一個辦法就是，在產品開發的早期就盡量發掘問題，若是等到與其他許多的數碼混雜在一起時，在尋求解決的辦法，這就是困難多了，微軟公司目前的作法是過分依賴測試的程序。

2.以實地測驗作為推出產品前的準備工作，微軟公司在推出視窗九五時，進行了一次包括四十萬名客戶在內的測試工作，這個規模之大，是前所未有的，但是在這個階段收集到的資料已經來不及進行任何大事的修改工作了。

3.有限的公司統計資料和工作經驗記錄是微軟公司在這方面的一大弱點，其他的大企業公司都保存了很完整的公司內部資料，例如日立公司的產品可以追溯到六十年代的末期，而他們的數據庫，也早在七十年代初期就完全建立起來了，微軟公

司是於一九七五年成立的，但是公司的早期資料有欠完整。

作為一個在學習中成長的組織來說，微軟公司在這方面的努力相當的成功，但是尚有下類三點尚待加強：

- 雖然微軟公司設有事後分析報告的制度，但是未能深入尋求解決的辦法。
- 鬆散的公司內部結構可能妨礙各部門之間的意見交流活動。
- 過多和過少的控制條例，都隨時可能產生問題。

從這三點待加強的事項來看，或可做進一步的解說：

1.微軟公司的工作人員進行自我批評和反省的精神是好的，但是在分析問題或是尋求解決方法時，仍須具有更大的深度。

2.公司內部鬆散的結構，再度反應了微軟公司反對官僚主義的傳統作風，它有好的一面，但是也有不足的地方，微軟公司缺乏的是正規的意見交流程序，因此在某些場合，如測試產品時，技術上的溝通做得比較完善，但是在其他方面則不夠完全。

3.有關過多或是過少的控制條例，是規章制度和控制措施的體現，微軟公司具有的公司章程不多，其實只要掌握得當，不妨加強這方面的控制功能。

策略上的挑戰

除了上面討論的弱點之外，微軟公司目前也正面臨著一

些策略上的挑戰，可將這些挑戰歸納成下類幾點：

- 在任何一門行業裡，一家公司的產品雄踞幾代的情形並不多見。
- 新市場代表新技術的提升，同時也代表新競爭對手的出現。
- 聯營的合夥人可能要求更高的股份。
- 如果一個公司發展得太快，很可能會引起反壟斷方面的考慮。
- 競爭對手很可能聯合起來進行競爭爭奪戰。
- 其他的公司也很可能採取聯合個別產品組合成套的辦法，加強競爭的能力。

首先，微軟公司的控制系統和辦公室應用軟體，佔有百分之七十到八十的市場佔有率，但歷史證明，產品在市場的佔有率不可能永遠持續下去，而公司的產品達到某一個成功的階段，公司內部的人員常常會自滿的心態，在情況發生變化時，未能及時反應，因而將逐漸受到時空的淘汰。

在電腦這一門行業中，類似這樣的例子到處可見，例如國際商業機器公司以及王安電腦等，多半無法繼續保持他們原有的領先地位，另外其他名震一時的大企業公司如福特、通用汽車、柯達等公司，也都經過一段衰微的歷程。正因為如此，微軟公司在八十年代時不得不對圖像的控制系統花下相當大的功夫，花下大筆資金，開發新產品、提升舊有的版本，積極開拓新市場，並與其它企業聯盟合作。微軟公司的這些作法需要極大的膽識和氣魄，不過若是目前的市場發生巨變，微軟公司是否能夠應付過去，現在還很難下結論，有

的軟體公司計劃在今年九六年的時候推出一種新的控制系統，其特點是能夠與任何電腦程序兼容使用，而所需要的記憶容量也不大，並能夠以日常使用的語言對電腦下達指令，一旦這類的產品推出上市，無疑的，微軟公司的視窗九五、視窗ＮＴ以及其他的應用軟體就會有過時的危險。

目前還沒有人能夠準確測知未來市場的變化會在什麼時候發生，但是在軟體工業的領域中，技術的提升是一個必要的過程，對微軟公司來說，這是他們目前具有的一個優勢，根據目前市場的走勢觀察，微軟公司在市場的領先地位或許還可以持續至少十年左右，這一代的電腦用戶，要完全換新目前的系統，還需要相當長的一段時間。

第二，從長遠的觀點來看，微軟公司是否能夠繼續掌握及開發新技術，繼續保持市場領域內的領先地位，則目前仍然是個未知數，這些範圍領域包括：聯網控制系統、多媒體的出版和應用、家庭消費產品、辦公室產品、雙向互動電視、資訊高速公路服務網路等。微軟公司目前生產的策略正積極向這幾方面進攻，事實上，微軟公司在數種產品上已經取得相當的優勢，但若是要全面獨占鰲頭，則似乎是不太可能的事。

微軟公司在未來新產品的領域中，他們的投資是否成功，並不在於他們的產品是否能夠佔有百分之八十或是九十的市場率，如果某些產品能夠在市場上佔第二、第三或是第四位，就可算是相當不錯的成績。微軟公司或可將未來的重點放在控制系統上，輔之以幾項基本應用軟體和網上服務項目，微軟公司目前能夠在市場提供全面的產品和服務，這是其他公司所不及的，這也正是微軟公司的優勢所在，在今後產品競爭激烈的領域中，微軟公司的成功關鍵則在是否能夠

繼續握緊主動權。

　　第三個挑戰很可能來自微軟公司目前聯盟的伙伴，這些伙伴在合作的過程中，很可能會要求分享更大的經濟利潤，例如家庭銀行服務活動或是其他網路服務產品，這些都是微軟公司基礎結構系列產品之中的幾項，雖然微軟公司並不擁有產品的全部版權，但是可以在每次使用交易中收取一定比例的費用，例如康百克等電腦硬體生產商，將來可能會拒絕在電腦內裝配能夠為微軟公司帶來更多利潤的軟體。比方那些可用在國際網際網路或是網上服務的產品，或者要求在版權費中分一部份的利潤，根據過去的慣例，長期以來軟體開發公司都是從硬體公司獲得利潤，但是這個情形未來很可能發生變化。其他電子網路市場，例如有線電視、電話、銀行、網路內容提供者等企業，如果前景良好的話，他們也都會紛紛要求分享更高的利潤，在這情況下，微軟公司的利潤就不會像目前這般好了。

　　第四個面臨挑戰的問題是「反托拉斯」的考慮，美國的司法部無時不在注視微軟公司的一舉一動，而競爭對手也無時無刻不在尋找微軟公司的不正當商業行為，以便提出訴訟，先前曾提及微軟公司打算收購Intuit的計劃，後來就是因為好幾家軟體公司聯合向司法部提出控訴，而最後遭到挫敗而放棄的，微軟公司的勁敵蘋果電腦公司以及其他數家大、中、小企業經常向法庭提出控訴，控告微軟公司侵佔版權，給微軟公司造成不少的麻煩和困擾。

　　像這一類的控訴威脅活動，將會直接地或間接地影響到微軟公司的競爭活動，當他們推出整套的套裝產品，或是兼併、收購其他的公司企業時，將會處處受到約束，目前可以

預見的是微軟公司將來還會與司法部再度發生衝突。

第五項挑戰則來自微軟公司的競爭對手,這些競爭對手會聯合起來共同對抗微軟公司的產品「侵略」,例如蘋果電腦已經和國際商業機器公司簽署一項合作計劃,共同合作開發「動力個人電腦」,同時蘋果公司不惜一改公司慣有的策略,將麥金塔軟體授權給其他的公司使用,以建立擴大以有的電腦硬體市場。IBM在收購「蓮花」和「筆記」等產品後,蓮花決定用「筆記」與AT&T網路聯手合作,蘋果、國際商業機器公司、「字善」、Novell和蓮花等公司已經提出用新的軟體操作系統,另外蘋果、AT&T、國際商業機器公司和西門子正在試製將電腦和電話合成一體的產品。

第六項微軟公司面臨的挑戰則是微軟產品組成部份層面上的競爭,微軟公司研製一些可以在不同產品項目上共同使用的成分,固然可以提高技術上的效率,而且可以使製造成本也相對地下降,但是在軟體市場上,其他的公司也可以製造出一些能夠與微軟公司主要產品組合使用的配件,微軟公司過去的策略是將產品裝配成套,以折扣價格出售,這樣做得主要目的是打盡客戶的需要,而客戶不需要購買其他公司的產品,但是,其他軟體公司也會推出一些功能更為新穎的產品,搭配微軟公司的套件,而這些軟體的長處是價格上更具有競爭性,而在功能上則更具有多元性。

邁向未來

微軟公司一直奉信的一個基本策略,就是積極地籌畫未來的產品,邁向未來的世界,勇於面對任何技術上和市場上

的難題和挑戰。

　　微軟公司目前在系統、應用、消費和研究部門方面所作的努力來看，微軟公司將會繼續為消費大眾提供一整套較目前水準更高的系統和服務項目，這是以MS-DOS、視窗的用戶為基礎的市場，另外微軟公司將會繼續擴展其在辦公室和家庭應用軟體方面的產品及網路系統產品，總體而言，微軟公司繼續追求的目標可分下類數項：

- 將用戶對象從生產者轉移到消費者
- 開發包括一次付清售價和按使用次數收費的產品
- 每年都推出一些集中了數種簡單產品的軟體新產品
- 逐漸消除過去功能明顯不同的應用軟體、控制系統和網路產品之間的界線
- 各種電腦機型、電視、和有線電視系統之間的區別將逐漸消除。

　　微軟公司目前也正將注意力轉移到消費者的市場，目前的辦公室軟體產品，具有的功能很多，可以用來寫信、寫報告、備忘錄、文藝創作或是預算分析，由於功能龐大，性能良好，目前佔有的市場達百分之七十以上，但是在今天的這個世界裡，人們花在消費活動上的時間更多，他們需要娛樂、資訊、教育資料、通訊和金融數據和資料等。

　　微軟公司相信，在未來數年內，「家庭」使用的軟體市場將會飛躍發展，因此微軟公司將這些產品定為未來研發的方向，其中包括的範圍可分為下類數種：

(一)通訊

> ・電子郵件和佈告欄
> ・用於交流資訊、意見、留言和保持家庭聯繫的「群體」
> 　產品

(二)娛樂

> ・普及性娛樂節目，如電影和遊戲等
> ・體育活動現場轉播和賽車分析等

(三)金融

> ・經融財政、報稅和預算計劃軟體
> ・股市報價、電子銀行活動及付帳

(四)教育

> ・大眾化教育書籍，包括兒童和成人讀物
> ・聯繫公立圖書館、數據庫和政府文件的軟體

(五)資訊

> ・國際網際網路軟體
> ・適用於閱讀電子報刊、雜誌和書籍的軟體

(六)旅行

> ・飛機班次、火車時間表和定票服務
> ・旅館資訊和訂房服務

在未來的十年內，家庭用的電腦將成為生活不可或缺的一部份，它將為用戶傳達一系列重要的信息，不可否認的，微軟公司將會繼續在桌上個人電腦和辦公室電腦用品市場上繼續發展，這原來是微軟公司的起家本錢，但是他們真正重要的市場還是在消費軟體市場上。

這一類以消費者為中心的軟體包含了多方面的內容，如藝術品、錄影帶、新聞報導和股市行情等，微軟公司對這方面的發展或許可從幾方面進行，一則自行收集這方面的資料，不過實行起來比較困難，另一方面就是與其它的公司合作，特別是在國際市場上，並不是單純地將英文版本的軟體翻譯成其他國家的文字就行得通，這些軟體還通常配合了影像、文字和聲音等，另外多媒體的產品也會比傳統的產品更為複雜，微軟公司目前進行的大百科全書的編寫工作已經深深地體會到其中的甘苦。

從出售價和使用次數收費的產品來看，一般相信這將是未來家庭消費市場發展的方向，目前使用軟體的方式是，花一筆錢買下一套軟體就可以無限制地繼續使用下去，但是將來使用網路產品的方式將有所不同，除了最初的購買的價錢外，每一次使用某一種網路服務，可能還需要付一些小額的使用費，這是因為除了軟體產品的本身之外，還需要一些網路上的配合服務工作。

這種收費的方式，對電腦公司而言，其收益將不可估計，舉一個簡單的例子，如果在未來的數年間，全球有一億人使用「視窗」軟體（目前有七千萬人使用），如果這些用戶中有十分之一使用微軟公司的網路系統，就等於有一千萬名用戶，每人若每天平均選用兩項網路服務，以每次收費兩角五

分美元計算，微軟公司每天單在這方面的進帳就達五百萬美元，每年該項的收入就是十八億美元，等於微軟公司於一九九四年「辦公室」軟體的全年收入。

將單項的軟體配合成套出售，這也將是未來軟體發展工業的新趨勢，今後微軟公司還將繼續將各種單件軟體配合到「視窗」、「辦公室」或是其他家庭用品系列上去，換句話說，大多數的用戶將不會單獨購買單一的軟體產品，就像汽車製造商每年都會推出新車行一般，電腦軟體的套件每年也將包括一些新的功能，而且推出更容易操作的新版本，而且售價也將更為低廉，如果用戶每年或是每隔一年更新一次軟體版本的話，製造商的利潤將是十分可觀。

在這種趨勢下，微軟公司內部的產品開發結構將會起一定的變化，未來工作小組的組成人數將不會超過十人或是十五人，而新的軟體版本將會採取框架形式來開發產品，而研製小組應可在六個月左右的短時間內，就能夠決定並完成框架的內容。至於功能較大、規模更為複雜的項目，則需要好幾年的時間才能開發完成，在這情況下，大型的產品將每隔一年或是兩年才能推出一次，另外製造商還必須注意的是，不能讓大型的產品與小型的產品發生重疊或是衝突的現象，以保證後者在市場上行銷的成功。

從上述的未來趨勢分析，凡是應用、控制系統和網路軟體之間的區別將逐漸消失，這將是微軟公司未來發展的一個新方向，前兩項產品是微軟公司的強項，後一項則是新領域，不過未來的軟體市場，將著重於網路產品和服務上面，這種網路服務將使用戶與辦公室之間連接起來，而且還可以連接全球的國際網際網路系統，如果微軟公司能夠繼續消除傳統

軟體之間的區別話，那麼用戶就可以通過網路系統與其它的電腦用戶進行各種的交流活動。

「辦公室」、和視窗產品成套推出的趨勢，最後很可能產生一種聯合產品，暫且稱做「微軟體2000」，這套軟體內集中了所有軟體產品的精華，這在技術上是完全行得通的，不過由於反托拉斯的政策，將來很可能會形成一定的障礙，但這一趨勢乃是一股不可逆轉的潮流，微軟公司將來在研製產品的時候，將會有意的留下一個「空檔」，讓客戶自行選擇裝置時所需的功能，用戶甚至在某些情況下還可以裝入其他公司的產品。

為了保證在這方面的發現，微軟公司必須進一步提升在網路系統和電子通訊方面的技術，消費大眾將資訊傳送上的效率和可靠性提出更進一步的要求，目前的網路系統是通過電話線、電纜或是光纖進行運作、在技術上還受許多的限制，這些限制上有待克服和突破。微軟公司近年來也一直尋求與有線電視公司合作，這是因為有線電視的容量遠遠超過目前使用的電話線，另外還有一個可以尋求的途徑就是無線手提電話和衛星通訊網路，目前蓋茲與麥考（McCaw）無線手提電話公司的合作便是一個具體的例子。

電腦、電視和有線電視系統之間的區別目前正在逐漸縮小，今後微軟公司還將繼續努力消除這三大系統之間的區別，未來的消費觀眾若是想觀看娛樂節目或是新聞節目的話，他們只要打開電視就能夠達到他們的目的，換句話說，就是電視廣播和有線電視的節目都將集中在電腦之中，這三項媒體的結合目前已初具雛形，而配備在個人電腦上的裝置，大約只需數百美元而已。今後，電視台、電影製作公司

和有線電視公司還會繼續存在，但它們將逐漸失去單獨傳送的機會和功能。

在未來數年內，一些家庭將擁有集圖像、動畫、圖片、音樂、聲響、資訊於一體的精密彩色螢光幕上，其尺寸很可能達二乘三英呎，而厚度僅有幾英吋左右，有關的廠家將會繼續致力帶動生產這種螢光幕的晶片，而各種不同廠牌的晶片相容性將不成問題，絕不會像現在的個人電腦和蘋果麥金塔那樣截然不同，其區別很可能僅在售價與功能方面，未來的電腦很可能將以微軟公司的「包伯」為應用軟體，而「視窗」為控制和網路系統。微軟公司的網路服務將有儲存、傳送和連結各種各樣網路產品的作用，要達到這個目標，微軟公司還必須進一步研究探討多媒體系統、高容量的數據儲存和顯示設備，這些種種的功能都必須在電腦網路上進行，未來的電腦產品不僅是直接顯示數據資訊和文字的工具，還同時必須具有真實感，能夠模擬人類日常生活的聲音和行為。

微軟公司在現有的產品和模型板上，都顯示了足夠的技術能力，但在具有可行性的前提下，要實現產品在市場上的優越性和可靠性，價格方面具有競爭性，而產品功能方面也越趨簡便和多元化，要達到這樣的目的，微軟公司仍需付出相當多的代價和努力。另外還有一個值得注意的問題是：除了做出產品的模型外，微軟公司是否能夠將新產品推向具有千百萬用戶的網路市場？這些產品除了具有多媒體的功能外，還需具有真實的時間性和連網通訊的功能，而且產品要能簡易使用，價格便宜，而且不能有大缺點。微軟公司的競爭對手將是具有相當規模的大型電訊公司，他們具有雄厚的客戶基礎，網路服務的經驗和精湛的技術，微軟公司在未來

的資訊市場，必須深切了解消費客戶的需要，有過人的見解和主張，才有可能在產品籌畫開發和市場行銷戰中取勝。

　　根據目前的資料和趨勢顯示，微軟公司在未來的十年間仍然能夠保持其銳氣，公司對未來前景的籌畫和策略仍然具有許多值得利用的優點，他們將繼續不斷地推出新產品，以及不同的網路服務項目，同時產品的質量和價格都將日漸改善，此外微軟公司還會繼續吸收人才、開發新技術和聯盟新伙伴。

　　一個企業過去的成功未必就是未來成功的保證，微軟公司如果不能保持下一代電腦技術軟體的領先地位，很可能就會被時間和變化的潮流所淘汰，很多曾經稱雄一世的企業，都因爲未能及時趕上潮流，而遭到淘汰的命運。

　　至於二、三十年後，微軟公司是否還會繼續存在，這個問題很難回答，相形之下，福特、通用汽車公司和國際商業機器公司等公司，都是在二十世紀之初創立的，其他全球性的企業，如AT&T、NEC、東芝和西門子等，都具有百年以上的歷史，不過微軟公司能在短短的二十年內，達到今天驚人的成績，將在世界軟體工業史上留下不可磨滅的一頁，雖然競爭對手、政府法令、和產品翻陳出新的速率帶來種種的憂慮，但是這些憂慮也將帶來控制市場局面的效果，在公平競爭的原則下，微軟公司毫無疑問的，將會製造出更美好、更廉價、功能更多的產品，隨著個人電腦在家庭裡和企業界變得日漸普及的時代，在未來全球軟體工業中，今天最有影響力的企業，也將成爲全球各行各業中，扮演最強大的角色。

九、微軟公司和蓋茲未來的電子世界

　　二十世紀末期，蓋茲在資訊科技的地位和影響力正如愛迪生發明電燈一樣的重要，愛迪生發明的電燈照明了全世界，而蓋茲開發的電子世界則將導引人類走向另一波的文明，他所創辦的微軟公司成為二十世紀下半葉以來，美國最強有力的經濟主流。蓋茲眼中未來的世界是一個奇妙的世界，是一個「資訊」的世界，是一個依賴資訊交流而存在的世界，生活在這樣一個奇妙的世界，由於人類思想方式的改變，人類傳統的生活方式也將改變了，而人類的文明也將重新改寫了。

　　蓋茲具有遠見，在七十年代的初期，他就能夠預見個人電腦對世界產生的變革，他預測在未來的二十年內，當個人電腦與資訊網路系統充分聯合發揮功能時，這套系統的功能將主宰我們的日常生活，就像是家裡使用的電燈或是自來水一樣的普及。對於目前正在開發的資訊高速公路而言，他在一九九五年底出版的新書《前途》（*The Road Ahead*）中表示：

　　資訊高速公路的發展將像地震一般震撼全球，就像當初發明的印刷術一般，為人類帶來了工業世界的文明，他預測資訊高速公路的發展將促使企業公司之間增加生產率，而公司的結構組織將更精簡化，同時由於資訊高速公路的發展，

國與國之間的藩籬將逐漸消失，而整個世界也將變得更富裕，而人類的生活也將更趨穩定。

　　所謂資訊高速公路就是把桌上個人電腦、辦公室和家庭消費市場連結起來，以數據庫、網路服務系統和多媒體網路系統為個人提供各式的服務項目，其中包括電子郵件、家庭銀行、雙像互動電視、以電話和有線電視直接點播電影，而且還可以從中通達各種數據庫，例如報紙新聞、飛機航班、宇航管理局的宇宙圖片等，無所不包。目前這個資訊高速公路還不是一個完整的體系，提供這類網路服務的有各家各派，微軟公司計劃將來將所有的產品都集中到資訊高速公路的系統來。

　　蓋茲在他出版的新書《前途》中勾畫出人類未來的新世界，在這個新世界裡，人類主要是生活在一個佈滿資訊高速公路的網路世界裡，人類生活主要依賴的工具為一台個人電腦和其他的網路服務軟體，藉由資訊高速公路的功能通達人類生活的各個層面，同時藉著資訊的交流，滿足世界上各階層人士生活上的各種需要。但是為了要能達到這樣的生活境界，就必須先架設一套高速公路通訊網路，由於經常聽到這方面的報導，有很多人以為這套網路已經建好了，事實上不然，要完全搭建好這套網路，可能還需要至少十餘年的功夫才能達到預期的水準，而其中的阻力很可能來自資金的不足。若是有一天，這個網路真能架設成功，那麼蓋茲眼中的未來世界將是一個什麼樣的世界？那將是一個：

電子通勤員的世界

在一九九四年的時候，全美國就有七百萬的「電子通勤員」，他們不需要每天到辦公室上班，而是每天通過電訊網路在家裡上班，所謂「家庭辦公室」隨著資訊業的發達，也就越來越普及，「家庭辦公室」的通訊系統包括傳真機、電話和電子郵件等，預計在未來的數年內，至少還會有好幾百萬的工作人員加入「家庭辦公室」的行例，以資訊高速公路作為每天通勤的道路，公司的雇員可以節省大筆的車馬費，而公司也可以減少辦公室使用的面積，同時由於使用的時間不同，單一的辦公室或是一小間辦公室也可以由好幾名雇員共同合用，為公司節省大筆的開支。

在這樣的公司結構組織下，由於很容易在資訊高速公路取得所需的資料，不但資料的來源更廣，而且也更豐富，因此未來公司的規模很可能縮小，一個公司不需要雇用很多人員就可以執行等量的工作，同時由於資訊高速公路使用的普及，都市人口的分布也會隨之改變，目前美國的大都市存在許多的問題，若是能夠減少大都市人口的百分之十，不但可以改變房屋的價格，而且還可以減省汽車的磨損，減少公路的擁擠程度。

皮夾型個人電腦的世界

在今天這個機動的社會，不論身處何處，都應該可以隨時工作，不受地點的限制，平常我們出門隨身攜帶的除了手

錶、現款、身份證外，還可能包括鑰匙、信用卡、支票簿、旅行支票、地址簿、報刊讀物、照相機、計算機、袖珍型錄音機、呼叫器、手提電話、機票、地圖、音樂會門票、停車證等等，試想，將來這些種種的「零件」都可以放進一個小型如皮夾的電腦中，出門只要帶上這個電子皮夾，就能夠暢行無阻，像這類的電子皮夾是一種皮夾型的個人電腦。

這種皮夾型的電腦不但可以發信、發傳真、收閱電子郵件、查看天氣預報、股票市場、或是玩電子遊戲解悶打發時間。開會的時候，也可以作會議記錄，查看行程表，幾乎無所不能。

未來的世界可能用不著現在通行的現鈔，可能是以「電子錢」的方式交易，只要個人皮夾型的電腦與商店行號連線，以後凡是要購買物品，只要將所需的費用直接從個人的帳戶直接轉入商店的帳戶，至於孩子所要的零用錢也可以從父母的電子皮夾轉到孩子的電子皮夾中，既不怕丟失也不怕被搶。

事實上，今天美國市面上已經出現了「智慧卡」等電子付費的工具，集自動提款卡、信用卡和電子支票於一身，並且還可在銀行帳戶之外使用，深受消費大眾的喜愛，目前電子付費的趨勢是日興月盛，相信不久的將來，鈔票將成為過時的交易工具。

電子皮夾的另一好處，就是將來出外到世界各地旅行，不需要機票，到了機場，旅客電子皮夾內的資訊與機場的電腦資訊即可證實旅客的身份，機票的費用可直接由電子皮夾支付，若是電子皮夾設有全球方位系統，則不論旅客身處世界上的任何一個角落，只要經過衛星的追蹤，就能夠立刻辨

別某人身處何方，目前市面上已經出現了這類的產品，售價大約數百美元左右。若是在陸地旅行，電子皮夾也能發揮立體地圖的功能，不但能夠準確地告知行程方位，報告交通路況，預報公路的出口，還能夠幫助旅客輕而易舉地尋到目的地，若是有交通事故，電子皮夾還能告知預備路線，避免塞車，順利到達目的地。

除了上面所述的功能外，電子皮夾還具有一些與日常生活有關的實際功能，例如要出外旅行，電子皮夾具有的功能能夠「命令」家庭電氣自動開關，如暖氣、冷氣、電燈等，自動通知郵局停止送信，通知報社暫停送報，自動支付一些例行的帳單。若有緊急意外，還能夠自動通知醫院選擇合適的醫生，不要經過傳統的填表手續，省時救命。

電子書、報、雜誌的世界

在資訊高速公路上，豐富的電子文件不需要紙張就可以處理文件，用戶可以在資訊豐富的資料庫隨時取用、覽看所需的資料，既便宜又容易選用。簡而言之，數據化的電子文件將為用戶提供許多新資料，以新科技的方式收集資料，最後終將取代傳統的印刷文件。

同時由於電腦本身合螢光幕科技不斷的改進，將來使用的書籍很可能是一種體輕、世界通行的電子書，這種電子書的外表類似今天使用的一本精裝書或是平裝書一般的大小，讀者不但可以閱讀書中的內容、書中的圖片，還可以享受書中與情景相關的音樂或是音響，翻書的時候，可用手指或是聲音「下令」翻書，隨心所欲，簡單方便。到了九十年代的

中期，由於電子書的出現，在資訊高速公路的資訊時代，已經為書籍本身重新下定了新意義。

最近美國最大的出版公司之一賽門・舒思特計劃將公司變成世界上第一家數位出版的公司，目前已經把公司每年印行的三億餘萬本書的生產過程完全電腦化，而且公司也正在努力把許多書變成電子版本，具有圖像與聲音。蓋茲預測的電子書的世界，事實上，現在已經逐步實現了。

除了電子書外，電子文件也是一種雙向啟動的交流方式，當用戶要求某些文件時，電子文件會順著用戶的意見自動回應，若是改變主意，文件也會自動變回原來的資料，一旦習慣使用這套系統之後，則不僅可以從不同的方式和層面收集不同的資料，而且也可以使資料變得更有價值，同時由於這種收集資料的方式更具有彈性，因此也更容易誘發讀者的探知性，而探知性的回報則是新發明。

由於電子書籍和電子文件的大量使用，將來也會用同樣的方式「看」新聞，也就是使用電子報紙。電子報紙的長處是可以預先選定新聞故事和新聞的長短，而且選擇的內容可以包括數家新聞電視台的新聞節目，至於報章雜誌或是氣象報導也是如此，從本地的新聞台、或是任何網路中的氣象服務，都可以收到，而對自己感興趣的報導可以要求加深內容或是加長報導，其他的新聞則可以節錄的方式播出。當觀看選錄的新聞時，若是對某一項新聞特別感興趣，可以從現播的電臺或是存檔的檔案庫中調取更詳細的資料。

在所有的電子書籍中，受益較少的可能要數敘述性的小說類，因為所有的參考書都有索引，惟獨小說一類沒有，因為一般來說，小說沒有必要作索引，小說跟電影一樣，具有

故事情節，具有一種完整性，要從頭到尾看完才有意思，否則就失去故事的趣味性，這不是科技的問題，而是連貫性的問題。

　　近年來由於電腦光碟遊戲的普及，許多的作者已經開始創寫一些具有互動性的小說或是電影劇本，作者在書中僅勾畫出故事的主角和情節，然後由讀者自己去設計故事的結尾，這並不是說每一本書或是電影都能夠讓讀者或是觀眾自己決定結局，但是一些有趣的情節則值得一再玩味，由讀者或是觀眾把玩其中的故事，則更饒富趣味。不過要開發這方面的網路也需要大筆的資金，一般預測，一旦這方面的軟體開發成功，使用的人數很可能從目前的百分之十增加到百分之五十左右，不過，蓋茲的估計比較樂觀，他認為將來使用的人數很可能達到百分之九十左右。但是到目前為止，願意投資在這方面軟體的投資意願並不高，其中主要的原因之一很可能是因為作者和出版商將來如何向用戶收費，或是如何由廣告商支付費用，很可能是這方面的技術問題還沒有研究出來。

　　蓋茲認為，一旦電視網路在視覺上和聽覺上的精確性有所改進，要達到情境上的真實性是可以逐步實現的，所謂「實際上的真實性」（virtual reality或簡稱RV）將可使電腦的用戶到處「觀覽」或是「做」一些有趣的事，而這些有趣的事在目前的生活環境中還是不太可能做到的。為了能夠達到這方面的境地，「實際上的真實性」需要兩套不同的科技軟體，這種軟體是用來創造情節和配合情節的，然後藉著這套軟體的功能將這種情節傳到我們的感官之中，在這情況之下，這種軟體必須能夠形容、體認人工世界的情景、聲音和

觸覺，連最細的情節也不能放過。這些看起來似乎是不可思議，但事實上做起來並不是很難，這一部分的電腦軟體原則上很容易書寫，但是目前迫切需要的是電腦的軟體和容積，使電腦在這方面的功能能夠達到完全令人信服的地步，以目前的科技開發速度進行，蓋茲相信在不久的將來，將很快地可以實現。

電子購物的世界

就像前段已經提到的資訊購物方式，當資訊高速公路完全架設成功後，人類購物的方式也將隨著改變，資訊高速公路能夠擴展電子購物市場，顧客可以在電腦的世界市場選購任何喜歡的物品，不但可以檢視產品的結構、比較產品的價格，若是都不滿意，還可以訂做。當客戶想購買某種特殊的產品，只要在電腦上輸入產品的名稱、價格、款式，電腦就會自動在網路中尋找需要的產品，不但能夠替買家議價，還能夠尋找出產品最好的來源出處。

比方說，若是一名顧客在購物電腦網路中看中一雙靴子，若是想知道這雙靴子是否能夠在冰天雪地裡使用，或是只能夠在沼澤地帶使用，只要輕按一下螢光幕上的圖像，公司的營業代表就能夠立刻經由這套通訊系統，解答任何疑問或是有關的問題，公司的營業代表能夠從螢光幕上展示鞋子的尺寸、顏色和式樣，同時也能夠預先查出該名顧客在別的公司購物的歷史，甚至包括價錢在內。

資訊高速公路的通行將擴大電子購物市場的層面，顧客可以在全球市場上選購自己喜歡的物品，像這樣的購物方

式，不但將帶領世界市場走向一個新的資本主義社會，同時由於產品不需在商店陳列，因此能夠降低產品的售價，將降低的成本分享顧客，而且能夠足不出戶，就能夠在世界市場上選購產品，這種購物的方式將成為顧客購物的天堂。

資訊顧客化的世界

　　未來資訊高速公路的走向將是「資訊顧客化」，凡是在任何一行業有成就的傑出人才，都能夠在國際網路上發表他的意見和心得，例如股票分析師，可以在網路上推薦他認為有前途的股票，甚至發表他的人生觀，就像成功的投資家每週出版他的「新聞通訊」一般，世界著名的高爾夫球家也能夠在網路上分享球藝，或是提供如何改進球藝等意見，另外報社或是雜誌社的編輯也可以從電腦網路上摘取世界各地的新聞報導，而出版新聞摘要等一類的刊物。

　　從消費者的角度看，資訊高速公路的資訊網能夠將顧客劃分得詳細，這是目前的雜誌或是電視廣告商所做不到的，舉例來說，在同一個電視節目可以為觀眾穿插不同的廣告，對中年、富有、主管級的觀眾可以穿插退休、投資一類的廣告，而對高收入的年輕夫婦則可穿插一些度假性質的廣告，適合消費者的興趣，而對廣告商來說，也能取得更大的廣告效果。

　　資訊高速公路顧客化的結果，使核發智慧財產權的方式也與以往不同，例如核發音樂或是電腦軟體的執照時，與過去專利收費的方式不同，而唱片公司或是獨立的製樂家也能夠以新的方式推銷他們的新產品，消費大眾不需要購買任何

錄音帶、唱片或是任何形式的錄音，因為這些音樂家的新作品都已經儲存在電腦網路的檔案庫之中，當消費者要「購買」某一首歌或是樂曲的時候，一般是指「購買」使用權，不論是在家中、在辦公室或是在度假，就能夠享受選定的某首歌曲，而不需要攜帶任何錄音帶或是唱片等。將來任何場所都會提供資訊高速公路網路，只要將擴音機和網路聯上線，就能夠達到這樣的目的，同時在高速公路網路中，消費者只要能夠辨認自己的身份，若是對某一首歌曲、某一本書或是某一部電影已經付過「版權費」，則不論到世界上的任何地方，都能夠隨時享用，而不需另外支付費用。

在資訊高速公路網路中，目前還沒有人能真正知道未來消費大眾的需要，主要是因為到現在為止，還沒有一套完整的網路可做這樣的示範，而消費者本身也不知道資訊高速公路真正的功能，除非有一台這樣的電腦，能夠證實上面所說的功能，同時能夠證明這樣的電腦網路將是一部賺錢的工具，而投資人的回收也能夠取得保障，否則就如前面已經提到的，架設這套網路的資金將是發展資訊高速公路的大障礙。

蓋茲認為要破除這方面的障礙，政府應該加強在這方面平等競爭的架構，若是在某方面有不成功的地方，政府願意扶持、或是補償投資人的損失，從中協調，但是不能過分的介入。當這套系統已經達到相當的標準後，政府可以依照這些初試的結果訂定「資訊高速公路」原則，凡是願意在這方面求發展的公司、企業都可以在公平競爭的原則下，自由發展，但是政府不應該企圖介入、甚或主導資訊高速公路發展的本質，因為政府在一個競爭激烈的資訊市場，當客戶的喜

好還不能完全確定，而在科技的發展上還存在許多問題的時候，政府在這方面的了解和成就，很難超越民間的企業團體。

電子世界與教育

在今天這個日新月異的科技世界，教育是使人類適應改變的最佳工具，而在今天這個經濟型態改變的時代，受過良好教育的個人也最能夠適應時代的改變和新環境，在生命的過程中，能夠繼續不斷地吸取新經驗，發展新興趣，學習新技能，提昇人類的生活環境。

或許有人會認為，生活在這樣一個高科技的社會裡，這樣的教育將使人類失去「人性」，事實上不然，凡是見過學校的學生環繞著電腦，一起學習的情況就知道，今天學習使用的工具雖然不同，但是基本學習的原則是不變的，使用電腦學習能夠使學童毫無阻礙地跨過五洋四海，毫無阻礙地自由交換學習的經驗。蓋茲認為，事實上電腦使學習環境更為人性化，同時由於科技的改變，不但使學習更為有趣，而且也更為實際，另外由於資訊科技的發展，能夠使集體學習的環境變成個人化，適合每一個學童的個別需要和興趣，而多媒體文件的產生，也使教學工具更具有彈性，使教師更容易配合學生個別的需要施以個別的指導，至於學習的步伐也可由學生的學習環境自由調整。

最近常有人問到，由於科技的發展，教學工具的繁多，將來教師的地位是不是會被電腦所取代？蓋茲認為這種憂煩是不必要的，而且是不可能的。為了能夠接受未來的挑戰而需要接受的新教育是不可能由電腦或是科技所取代，而資訊

高速公路也不可能取代、或是貶低人類教育的功能，未來的學習環境是由全身投入的教師、具有創新力的行政人員以及積極參與的家長所組成，當然最重要的還是學生本身，但是不可否認的，在今天的學習環境下，在未來教師扮演的角色中，科技將佔有舉足輕重的地位。

科技在教育環境中固然佔有舉足輕重的地位，但是在體現這些科技的好處之前，在教室裡的電腦必須先有所改變，首先電腦的容積必須加大，今天一般學校內使用的電腦威力不夠強大，而且在使用上也很困難，另外在電腦的容積或是網路連線方面也不夠強大，因此常常使學生感到電腦的功能不如想像得那麼好，從而對電腦的功能產生懷疑，事實上當電腦的容積和速度都獲得改善後，這類的懷疑都是不必要的。

從當前的教育來看，當教師準備一份資料豐富的教材，通常只有少數的學生受益，但若是未來電腦網路能夠架設成功，電腦網路能夠讓全國各地的教師分享教材和課程，最好的教材或是教學方法可以藉著電腦網路傳播全國，而具有互動性能的電腦網路也能夠測試學生的能力，不拘於時間和地點，測驗不再是一件可怕的事，反而成為在學習道路上一個受人肯定的過程。而自我監視的考試方式或許也正是自我探索的過程，考試時所犯的錯誤不會受到教師的斥責，從錯誤中學習真理才是學習過程中最重要的一環。另外，資訊高速公路也可使在自家教授學童的工作更容易，父母可以從題材廣泛的教學課程中摘取適合自己孩童的課程，既不須要為教學課程煩惱，也不須擔憂教學課程不周全的問題等，好處無窮。

電子世界對社會的影響

　　對於未來的電子資訊新世界，一般人雖然都感到很樂觀，但是並不表示對現在社會上所發生的事情也表示樂觀，現代的科技爲人類的社會帶來許多的好處，但是有許多技術人員卻因爲高科技的發展而失去了工作，對這些人來說，高科技的發展並未帶來任何的藉慰，相反的，只是滿心的埋怨。社會上要處置這些失業的人士並不容易，並不是叫他們再去學習一門新技術成就，因爲一個人要學習一門新技術，還要學習適應新環境，這也不是很容易的一件事，一個負責的企業主管必須鼓勵、幫助這些失業的技術人員朝著這個方向行進，期望在最短的時間內適應新環境。

　　從理論上看，若是要建立一個全面的資訊高速公路應該是可以達到的，而且也應該是人人支付起的，但若是只是爲了少數幾家大企業公司或是少數的富豪設立一套昂貴的通訊系統，那麼這套系統只能稱爲「資訊私人道路」而不是「資訊高速公路」了，若是這套通訊系統只有百分之十、生活富裕的人口使用，那麼這套資訊網路將不可能吸引豐富的內容而生存下去，由於書寫網路程式內容的工作需有固定的開支，因此要使資訊網路大眾化，就必須有廣大的群眾基礎，同時若是大多數能夠使用這套系統、但是卻不使用的話，那麼廣告的收入也不可能支付大筆的開銷，若是在這樣的情況下，一則削減網路費用，一則是延期推出，重新設計部署網路系統，使這套新系統更具有吸引力。資訊高速公路將是未來普及的一種現象，一種大眾使用的工具，必須以大眾爲基

礎，否則便無法生存下去。

資訊高速公路的效應

　　資訊高速公路帶來的純粹效果之一就是將創造一個更為富有的世界，而這個更為富有的世界在政治和經濟基礎上也將更為穩定，已開發的富有國家很可繼續保持世界上領先的地位，而富有和貧窮國家之間的界線也將逐漸消失，採用資訊高速公路，剛開始的時候，對一些比較落後的國家來說，很可能正是這些國家的長處，因為可以避免先進國家在開發資訊高速公路時所犯的錯誤，不需經過工業社會的階段，而直接連上資訊時代。

　　由於資訊高速公路不受地域的限制，因此很可能打破國際之間藩籬疆界的劃分，在各國之間比較容易推展世界文化，或是分享世界文化的活動與價值觀，此外資訊高速公路也很可能使族裔社團的愛國份子，即使流亡海外，也能夠不受阻礙地推展自己的政治信念，資訊高速公路能夠促進文化的交流性，使世界各國文化走向單一文化的傾向。

　　就今天設計的資訊高速公路而言，由於分化中央電腦控制系統，因此即使有任何差錯也不太可能影響全局，若是有任何單一的主流電腦系統失去功能，可以很快地取代，而資料也能夠保存下來，然而若是資訊高速公路全盤失敗的話，這也很值得憂慮，同時因為這整套高速公路網路系統也有可能遭受攻擊，因此當這套系統日漸趨於重要的今天，我們也需要設計一套更完整的電腦系統，具有安全網路的保護系統。

電腦最容易遭受破壞的部份之一就是過於依賴電腦的密碼部份，若是將來能夠應用電腦上數據的連鎖關係，使資訊部份更為安全可靠，那麼既使遭受攻擊，而受到的損失也將大為減少。到今天為止，世界上還沒有一套具有完全保護電腦的安全系統，現在我們所能做到的，就是盡一切可能，不讓別人竊入我們的電腦資料庫，所幸的，到目前為止，一般的電腦體系還算保有良好的安全記錄。

　　資訊高速公路一旦全面使用後，還有另外一項憂慮，就是失去個人的隱私性，對每一個人來說，不論是政府機關或是私人企業，藉著網路系統可以收集到許多有關個人的資料，但是我們個人既不知道這些資料是怎麼收集來的，也不知道這些資料正不正確，因此當越來越多的公司使用網路上的資料探詢個人的資料時，對個人的隱私權而言，已經失去了保障，在這種情況下，政府勢必要訂定一些法規，保護個人的隱私權，這個問題的基本根源，在於濫用資訊，而不是資訊本身存在的問題。

　　資訊高速公路的存在，雖然有可能侵犯到個人的隱私權，但是從另一方面觀看資訊高速公路的好處，就是能夠保留個人的完整資料，所謂完整的「個人生活記錄」，例如個人的電子皮夾，不但能夠保留個人所有的語音記錄，包括時間和地點，還可能包括所有與個人有關的錄影，記錄下個人所說的每一句話或是別人對你所說的每一句話，另外還有個人的體溫、血壓、氣壓、各方面有關你個人的資料、和與周遭環境相關的資料，還有與資訊網路相來往的記錄，包括發出的指令、選用的資料、發出的電子郵件、打出的電話和接收的電話等等，這些記錄就是有關個人最詳細的日記或是傳

記。

　　蓋茲認為這種記錄式的個人生活方式有點令人心寒，不過或許有人認為這種方式有它的長處，比方採用這種記錄式的生活好處之一就是能夠為個人辯白，若是有人提出與事實不符的控訴時，那麼可以立刻提出個人的電子文件證據作為辯駁的基礎，同時醫院的醫療和汽車的保險費等也可能降低，就以汽車保險為例，由於汽車上裝有錄影機或是傳送機晶片，能夠辨認追蹤每部汽車所到之處，若是汽車被竊，便能夠馬上辨認汽車的地點和方位，若有交通事故，肇事人也很容易查證，此外交通系統使用的「黑盒子」能夠記錄汽車行使的速率和地區，使警方能夠加強取締超速的車輛，在這方面，蓋茲認為他是沒有什麼好反對的。

　　若是未來政治決策的過程沒有什麼改變的話，資訊高速公路很可能為政治團體提供些有利的工具，例如推展候選人的意見，不過這也很可能增加特殊利益團體的組成甚或政黨的形成。毫無疑問的，一定會有人提出「全盤的民主」，主張一切的事物均由投票表決，若是任何事情都要經過投票表決的話，蓋茲認為，這並不是經營政府、管理人民的最好方式，政府的中間人，也就是我們民選的代表，具有一定的政治價值，他們能夠通盤了解各種政治意見之間巧妙的不同，而這種不同之處並不是一般民眾能夠體會，而政治本身就是一種妥協，除非由一群專業的政治家代表民眾表決公眾事物，若是由全民直接表決，蓋茲認為這幾乎是不可能、而且也是不恰當的。

　　現在的社會正在經歷著一些具有歷史意義的轉變，而當這些具有歷史性的事物發生時，常具有震撼性的效果，就像

十九世紀工業革命發生時的情況一般，事實上，任何重大的改變都要經過好幾代甚或好幾百年的時光才能完成，這一次的資訊革命也不可能在一夕之間內完成，但是在速度上，會比其他的改革快得多，資訊高速公路在美國最先出現的年代很可能是本世紀末，蓋茲認為，在未來的十年內資訊高速公路在發展上將會看出顯著的效果，而在二十年內，蓋茲眼中的未來世界會逐漸在已開發的國家內實現，至於在開發中的國家，不論是在商業或是教育界的領域中，也會逐漸實現。

十、微軟公司在未來電子世界的走向

　　在當今資訊業務發達的時代，微軟公司是不是也將爭食資訊高速公路的大餅？蓋茲認為微軟公司的專長在開發卓越的軟體以及有關的資訊業務服務，他認為微軟公司既不是一家銀行，也不想變成一家商店，他認為最成功的企業是將精神集中，開發幾種公認的卓越「中心產品」，在電腦企業界，一個公司甚至在一個人的一生中，不可能樣樣精通，例如在前些時候，電腦企業界裡巨人，如國際商業機器公司、蘋果電腦或是其他的電腦公司，他們的公司策略是生產所有有關電腦的產品，包括電腦晶片、軟體、系統和諮詢服務業等，但是當微處理機和個人電腦快速發展的時候，有很多公司無法顧及全面的發展，結果紛紛財務的大筆損失，甚至有的倒閉，由此證實，公司包羅萬象的發展策略在電腦企業中是錯誤的，是有其缺點的。時間證明，同行中一些競爭對手由於專注某些特殊的產品，結果公司的業績遠較其他公司為勝。

　　在當今高科技的企業界中，兼併、收買風氣盛行，最近新聞媒體常常有這一類的報導，就是大公司兼併或是收買不同專業的小公司，希望在發展資訊高速公路的道路上，能夠一網打盡所有有關的企業，企圖將有關的企業集中在一個屋頂下集中管理，例如有些電話公司收購有線電話公司，以有線電話公司起家的美國電話電報公司最近則收購了以無線電

話起家的麥考公司，迪斯耐樂園收購美國國家廣播公司，而時代雜誌社則兼併特那廣播公司。大企業公司投下大量的資本收購其他的公司，蓋茲認為這類的作法有令人值得懷疑的地方，是好是壞，最後的結果還須要一段時間才能看出來。

微軟公司最近曾經對外表示，有許多顧客向公司表達他們心中的隱憂，就是微軟公司開發的產品是微軟操作系統唯一的來源，因此將來很可能提高產品的售價，減緩甚至停止開發新產品，或是微軟公司既使繼續不斷地開發新產品，但是很可能將來的銷路會有問題，主要是因為已經使用微軟公司產品的客戶不可能一再購買新產品，而新的客戶來源也很有限，因此公司的收入會降低，而其他的公司也很可能取代微軟公司的地位，軟體開發公司是永遠不得休息的，因為總是擔心有別的開發商會隨時追趕上來，這些等等，事實上都是微軟公司面臨的大問題。

蓋茲面對這些問題，他的解決之道是，雇用經驗豐富、曾經在大公司任職的企業主管，但是這些公司後來因為經營不當或是某種原因而關門了，這類的企業主管對微軟公司的經營有一定的效應，因為當一個公司在面臨生死存亡的危機時，公司的主管常常被迫思考新經營的策略，想出好辦法，設法振興公司的營業。蓋茲認為微軟公司需要一些這類的人才，他認為微軟公司將來在某一方面是注定會失敗的，因此他需要一些這類的人才，在公司艱難的情況下，仍然能夠繼續工作，而且能夠領導公司走出困境。

另外微軟公司在公司經營方面還有一點值得注意的就是，要事先未雨綢繆，例如當公司的最高主管意外死亡，或是當市場的領導失去肯定的市場反應時，若是沒有事先準備

好，要突然接掌公司的主管或是改變公司的經營方向時，很可能就太晚了，到這時候，所有公司經營的負面影響，如成本太高、工資不足等問題都會浮現檯面，類似這些種種的問題，當公司營業成績好的時候，公司的最高主管很難體認這些問題的存在，這對專門從事資訊高速公路的公司而言，也是應該特別值得警惕的地方。蓋茲表示，對這方面，他常常保持警惕之心，他說他從來沒有預料到微軟公司會變得這麼大，因此在面臨一個新世紀的前夕，他的主要目標是不斷地改進這個成功的企業公司，不斷革新，希望能夠永遠保持領導的地位。

電腦科技不斷地向前推進，這個電腦紀元的領袖未必就是下個紀元的領導人物，在個人電腦的時代，微軟公司可算是這方面的領袖，但是從歷史的觀點來看，到了二十一世紀，微軟公司在資訊高速公路的發展上是不是還能夠繼續保持領袖的地位，則很難預測了，不過蓋茲認為一個目前極成功的企業公司，若是敗於未來革新的企業中，其比率或許不是很高，或許也只是一種傾向而已，雖然一個公司若是過於集中精力，從事目前的某一種專業，那麼很可能在未來的道路上，就很難改變方向，而將精神集中於革新的產品上，不過蓋茲表示，他要公然反抗這樣的說法和傳統，他說，在劃分個人電腦和資訊高速公路的門檻上，他要作跨越這個門檻的少數頭幾個人之一。

破繭而出—邁向未來電子新視界

著　　　者／張錡

出　版　者／生智文化事業有限公司

發　行　者／林智堅

副總編輯／葉忠賢

責任編輯／賴筱彌

執行編輯／趙美芳

登　記　證／局版北市業字第 677 號

地　　　址／台北市文山區溪洲街 67 號地下樓

電　　　話／886-2-3660309　　886-2-3660313

傳　　　真／866-2-3660310

印　　　刷／柯樂印刷事業股份有限公司

法律顧問／北辰著作權事務所　蕭雄淋律師

初版一刷／1997 年 8 月

定　　　價／新臺幣：200 元

ISBN ／957-8637-43-8

總　經　銷／揚智文化事業股份有限公司

地　　　址／台北市新生南路三段 88 號 5 樓之 6

電　　　話／886-2-3660309　　866-2-3660313

傳　　　真／866-2-3660310

國家圖書館出版品預行編目資料

破繭而出—邁向未來電子新視界
　張錡著.-- 初版. -- 臺北市：生智,
1997〔民 86 〕
　　面：公分.

I S B N　957-8637-43-8 (平裝)

1. 電腦資訊業　　2.企業-美國

484.67　　　　　　　　　　86004207

當代大師系列叢書

生智文化事業有限公司 出版
揚智文化事業股份有限公司 代理發行
李英明 孟樊 王寧 龍協濤 楊大春 策劃
每本定價 NT： 150元

❖ 亞太金融中心面面觀 ❖

生智文化事業有限公司出版
吳惠林　總策劃
全套共計七本，每本售價 NT：100 元

　　民國八十四年，行政院提出「亞太營運中心」此跨世紀的大計畫，其中以「亞太金融中心」最受囑目；由台北三信文教基金會和非凡電台共同製作的「亞太金融中心面面觀」系列座談，便是根據此項計畫就金融體制、政策、外匯、貨幣、保險、期貨、股票、債券市場、衍生性商品等主題，邀請專家、學者加以討論，以期結合朝野力量、凝聚共識，一起推動亞太金融中心計畫的實現所策劃的一系列作品，內容廣泛多面，為一套值得細讀保存的好書。

繪畫物語

生智文化事業有限公司出版

作者:羲千鬱

定價:300元

《繪畫物語》是一本關於當代藝術體制內，以構成圖畫體質之主要元素，來作為「裝置作品」震源之探索，縱而集成的作品實物展陳之爪印語錄。

臺灣當代藝術萌芽了，就如《繪畫物語》的參與，它提供我們在廣闊無垠的當代藝術疆域中，一軌對話基點；非盲目移植、擬仿的後殖民樣態，而是另一類地球村式的對話，當代藝術疆域中的「新湧現」。

這是揚智文化事業成立近十年來最具強勢性的書

《胡雪巖傳奇〔上〕— 異軍突起》
《胡雪巖傳奇〔中〕— 縱橫金權》
《胡雪巖傳奇〔下〕— 紅頂寶典》　徐星平著

三本不分售 定價 500 元 特價 399 元

另有名人推薦，爲這一套書推波助瀾，在此特別重申致謝之意：

台灣大學教授　張國龍博士
彰化師範大學教授　張火燦博士
名專欄作家　孟樊先生
三采建設總經理　黃培源先生
台灣大學政治系教授　李炳南博士

所謂——

人事有代謝，注來成古今。

俗諺有云：「蓋棺論定」，歷史會爲古今名人下一定論，然而胡雪巖一生的傳奇性色彩 — 他的：崛起於人寰、錢莊王國、紅粉佳人（十二金釵）、胡慶餘堂雪記國藥號、官商關係、軍火崢嶸乃至於最後的官場覺迷；都使得他毀譽參半而難以評説。